Reborn & Create

地域再生と社会創造

未来をつくる地方建設業の使命

深松 努
FUKAMATSU TSUTOMU

幻冬舎 MC

地域再生と社会創造

未来をつくる地方建設業の使命

はじめに

2011年3月11日――。

現代を生きる日本人の心に、これほど深く刻まれた日はないのではないかと思います。東日本大震災は日本列島に甚大な被害を与え、多くの人の命を奪い去りました。私が建設会社を構える宮城県も最大震度7を観測し、巨大な津波が沿岸市町に押し寄せて町がまるごと消え更地になりました。

被災地の多くは土砂や津波で倒壊した建物によって交通網が寸断され、目を覆いたくなるほど痛々しい遺体があちこちに転がり、田畑は一面が湖のような状況でした。自衛隊や警察、消防隊の援助も足りていないなか、行政からの依頼を受け即座に現場に駆け付けて余震に脅かされながらも復旧作業を先導したのが地元の建設業者です。

建設業者は地域のインフラの整備や維持管理を担うだけでなく、災害時には最前線で復旧作業に着手する地域の守り手としての役割も担っているのです。

そんな地方の建設業者に今、試練の時が訪れています。

コロナ禍をきっかけに民間設備投資は大きく減少し、業界のすそ野を支える地方建設業は受注件数や売上の低迷により苦しい状況にあります。東京商工リサーチの調査によると、2023年の建設業界の「新型コロナ破綻」は694件に達し、飲食業界に次いで多い数字となりました。もし今後も地方を支える建設業者がどんどんなくなっていくとすると、インフラが老朽化して住民の生活が脅かされる地域が増え、確実に日本の衰退へとつながっていきます。

地域にとってはなくてはならない存在であるのにもかかわらず、インフラ整備だけでは生き残るのが難しいというジレンマを抱えた地方建設業が今すべきことは何なのだろうか。私が約40年この業界に身を捧げてたどり着いた答え、それは地方創生の役割を担うことです。会社が苦しいときに「地域のため、社会のため」などと言ってはいられないというのが多くの経営者の胸中ではないかと思いますが、地域再生や社会復興と会社の発展を両立するという新たな道を示すことこそ、本書の役割です。

例えば私の故郷である富山県朝日町の笹川地区は、かつて消滅の瀬戸際までいった地域の一つでした。インフラの整備がされておらず、簡易水道が老朽化してあちこちで破裂を起こす状態になっていましたが、水道管を入れ替えるためには約3億円の費用がかかります。高齢化と過疎化が進んだ限界集落の笹川地区では工事費を捻出することができず、町は崩壊寸前だったのです。私はそんな故郷を救うべく、小規模水力発電所を建設しました。そこから得られる電力を売電してインフラ整備のための資金にするというスキームを生み出し、水道管の入れ替えを進めています。

ほかにも第二の故郷といえる宮城県仙台市の防災集団移転跡地には大型複合施設「アクアイグニス仙台」を建設するだけでなくその運営も手掛け、有名レストランの誘致や温泉施設の開発などを行った結果、年間65万人の来場者が訪れる観光スポットとなりました。

これらはいずれも従来の地方建設業という仕事のなかには収まらないチャレンジでし

たが、だからこそ自社の可能性を広げられ、事業の新たな柱をつくることができたといえます。

そしてこうした取り組みは、私の会社だからこそできたというものではありません。地域の課題と向き合い、そこからヒントやアイデアを得ることで、どの建設会社にも実行できるチャンスがあります。

本書では淘汰が進む地方建設業の現状と社会における役割を明らかにしたうえで、地域の守り手としての地方建設業の使命と矜持、地方創生への取り組み方についてまとめています。

本書が、地域のために日々奮戦する地方建設業の方々の元へと届き、その未来を少しでも明るく照らすことができたなら、それ以上の喜びはありません。

目次

第２章

故郷を救いたいという一心で始めた小水力発電プロジェクト
老朽化する地方インフラを再生し、地元の限界集落を救済

第3章

何もかもを奪い去った東日本大震災 変わり果てた仙台の地で復旧・復興を先導

第4章

防災集団移転跡地ににぎわいを取り戻す 大型複合施設「アクアイグニス仙台」の建設・運営で地方創生に挑戦

第5章

未来の子どもたちが安心して暮らせる日本へ――地方建設業のロールモデルとしてより良い社会を創造する

第１章

公共事業の減少、担い手となる職人の不足
地方建設業が淘汰の時代に
果たすべき使命とは

進む、地方の建設業の淘汰

地域を守り、インフラを支える役割を担ってきた地方の建設業者の多くが今、存続の危機に瀕しています。地方の建設業界では経営悪化に耐えられず倒産する会社の数が2022年以降急増しているのです。東京商工リサーチが発表した建設業の倒産件数は、2022年で前年同期比15・2%増の1274件となりました。

2020年から長期にわたって続いた新型コロナウイルスの全国的な感染拡大という未曽有の事態がもたらした影響は小さくありません。政府が緊急事態宣言を全国に出し屋外での行動制限や対面での接触機会を減らすよう協力を呼び掛けたのに伴い、建築工事も中断を余儀なくされ、地方の建設業界では2020年5月に静岡市庁舎の移転・新築など複数の大型プロジェクトが財政悪化を理由として停止したことなどが大きな話題になりました。民間企業でも感染拡大に伴う経営状況の悪化によって社屋の新築移転などの計画を中止する例が相次ぎ、建設業界全体で大幅に受注数が減った結果、作業員の雇い止めをせざるを得なくなる業者も出ています。

加えて、コロナ禍以前から世界的に起きていたサプライチェーンの寸断の影響や、建材・部材の高騰、供給停止による工期ズレで資金繰りが悪化し業界全体が苦境に直面していたなかで、２０２２年2月からロシアによるウクライナ侵攻が始まりました。戦争が長期化していることによって、原油をはじめとしたエネルギー資源だけでなく数多くの物資の価格が高騰するようになり、歴史的な円安も重なって地方の建設業者の多くは窮地に追い込まれているのです。

これまで地方の建設業者にとって公共事業は頼みの綱というべき存在でした。実際、２０１１年の東日本大震災の復旧復興工事や２０２１年に開催された東京オリンピックの関連工事といった大きな事業はバブルにたとえられるほど地方の建設業界に活況をもたらしました。しかし、請けた仕事をこなすために投資した重機や人手はやがてもて余されることになり、かえって重荷となって経営を危うくする業者があとを絶たない状態です。特に復興事業では、建物崩壊や土砂崩れなどの復旧や造成など主要な重機・人手主体の工事が一段落し、福島原発事故に伴う放射能汚染の除染や施設解体など高い技術力をもつ業者に発注が絞られるようになり、すでにバブルは崩壊したといわれています。

今後もリニア中央新幹線の東京・名古屋間2027年開業やその後の大阪延伸を目指した関連工事、2025年の大阪万博の開催などといった、地方の建設業界にとって期待できそうな事業は続きますが、もはや大型公共事業だけに頼って経営を安定させようとするのは現実的とはいえません。

政府によるコロナ関連の支援があった時期はなんとか乗り切れた会社も支援が一段落した現在、倒産に追い込まれているという現状なのです。地方の建設業者を取りまく厳しい環境についてては悲観的にならざるを得ません。

就業者が減り続け人手不足が深刻化

そんななか、建設業界全体が直面している課題が3つあります。

1つ目は資材の高騰です。2020年から始まった新型コロナウイルス感染拡大の影響により、世界中でリモートワークが増加しました。そのためアメリカ・中国で新築住宅建築需要が急拡大し、生産・物流が停滞、木材不足に陥り価格が高騰したのです。このことは１９７０年代に起こったオイルショックになぞらえて「ウッドショック」と呼ばれています。

２つ目の課題は、人手不足です。建設業に従事する人の数は全国的に減少しており、１９９７年に６８５万人いた就業者数は、２０２１年には４８２万人と、24年の間に２００万人減少しています。

北海道や四国といった地方の減少率が高くなっているとされ、人材獲得競争が激化しています。小さな会社にはコストをかけて人材を呼び込むような余裕はなく、昔ながらの縁故採用といった狭い範囲での採用方法に頼らざるを得ないのが現実です。結果的に人が集まらなくなって、仕事があってもこなせる業務の量が減り、年商が下がってしまって経営が苦しくなっている会社が続出しています。

また従業員の高齢化も進行しています。国土交通省の調査では建設業界の就業者の35・9％に当たる１６０万人が55歳以上である一方で、29歳以下の割合は11・7％にとどまっており、現状ですら高齢化が目立っています。10年後には高齢者の多くは一線を退いているであろうことを考えると、少子化の進行に歯止めがかからないなかで、将来的にますます人手不足が深刻になっていくであろうという懸念が業界全体に広がっています。

特に若者の採用は困難を極めています。デスクワークや接客業、あるいはインターネットの普及に伴って小中学生のなりたい職業にも上位にランク入りするほど人気のユーチューバーなどと比べてしまえば、建設現場での肉体労働が中心の仕事はきついのは当然です。ほこりや土にまみれることも当たり前でけがなどのリスクもあり、猛暑や厳寒期など屋外で過酷な労働環境での仕事となることもあります。また、労働時間も長くなりがちで、国土交通省の調査によれば２０２０年度の年間総実労働時間は１９８５時間と、全産業の平均より３６４時間長くなっています。休日も少なく、建設工事全体で約65％が４週４休以下で就業していたといい、これも若者を遠ざける原因の一つとなり、マイナスイメージが定着しています。

建設業界が直面している課題の３つ目は、人材不足や資材不足による工期の遅れです。

職人の数が年々減っており確保が難しくなっているため、そもそも工事を始めることができないというケースは珍しくありません。また、人がいても資材がなければ同じく工事は不可能です。工期が遅れると当然会社への信頼が失われるため、受注は減少し人材も集まりません。そうして、廃業となってしまう建設業社があとを絶たないのです。

外国人労働者をただ増やしていくだけでは現場は回らない

国内で人を集めるのが難しい状況となっているなか、人手不足の対策の一つとしてよく検討されるのが外国人労働者の雇用です。東京オリンピック・パラリンピック関連工事が急増し建設労働者が特需ともいえる極度の人手不足となったのを受けて、政府が2018年12月に「特定技能の在留資格に係る制度の運用に関する基本方針について」を閣議決定し、建設業を外国人による人材確保を認める特定産業分野とする対策を立てた結果、実際に建設業界では外国人労働者の数が増え、２０２０年10月時点での建設業に従事する外国人の数は11万人を超え、日本で働く外国人全体の６・４％となりました。

しかし、今後も海外の人材をどんどん雇用していけば安泰かというと、そう単純ではありません。確かに１９９０年代初頭までは日本は経済大国であり賃金が高く治安も良いといわれ、外国人労働者にとってぜひ働きたい国の一つでした。その後２０００年代に入って各国の賃金水準がそろって上昇した一方で、日本企業は賃金の上昇よりも内部留保に力を入れたため賃金は上昇せず、日本は経済協力開発機構（ＯＥＣＤ）加盟各国のなかで１９９１年は23カ国中11位だったのが、２０２１年は34カ国中24位に低迷しています。記録的な円安などもあり、日本はすでに外国人労働者にとって稼げない国になっています。アジアを見渡せば日本よりもはるかに成長著しい国がいくつもあるなか、人手を必要としているこちらの都合で要請したとしても、これから日本に来てくれる人が果たしてどれだけいるか疑問です。日本はもはや、外国人労働者を選ぶ側ではないのです。

単純に外国人労働者を雇用して単純作業要員を増やしただけでは建設業は回りません。

例えば、左官や防水といった領域の職人は、建設工程で欠かせない人材です。もし地震で家の屋根の瓦がぼろぼろになった箇所を直すには瓦職人の手を借りねばなりません。専門技術が必要な職人の数は極めて少ないです。

こうした職人たちの技術はいきなり身につくはずはなく、基本的には親方から弟子へと引き継がれるものです。いわば修業が求められるわけで、言葉や文化の壁のある外国人労働者に率先して技術を伝えようとする人の数もごく限られています。

左官工を例にとると、１９９７年には22万人であったところから、２０２２年では５万人まで減りました。高齢化も深刻で、55歳から65歳の割合が最も多いのです。一方で若い世代の流入は少なく、このままではさらに担い手が減ってしまうのは目に見えています。

担い手は、すぐに外国から連れて来ることはできません。建設業の未来を考えるなら、まずは職人たちを支援し、賃金を上げ、魅力を高めて就業者を増やすというのが急務ですが、育成には何年もの時間がかかります。特に職人不足の著しい地方の建設業は、人材の確保状況により仕事を受注できる量が左右されるといっても過言ではなく、そうした面でも試練の時を迎えています。

今後、日本は世界でも類を見ない人口減少が進行していくと予測されています。総務省の推計によると、日本の総人口は２００８年の１億２８０８万人をピークに減少を続け、２０３０年には１億１６６２万人となって、ピーク時から約１１４６万人もいなくなる計算です。

私たちは大きな転換期にあるといえます。特に建設業は、産業規模が大きく、また労働集約型であるという側面から国内でも就業者数の多い産業です。人口減少が進み、職人の高齢化や人材不足が想定されるなかで、現在と同様の日本の面積を守らねばならない責任があります。ただでさえ人手がなければ成り立たないところに、人口減少という拍車がかかるわけですから、１秒でも早く何らかの手を打たねば危機的状況がさらに深刻化する一方です。

しかし、あまり悲観的に考える必要はありません。江戸時代や明治時代の日本の人口は３５００万人しかいなかったうえに通信手段もありませんでしたが、そんななかでも日本は著しい経済成長を遂げることができたのです。人口が少なくなるからといって何もかもができなくなっていくわけではありません。私はこの人口減少に対して必要以上にマイナスに考えることなく、もっと前向きにとらえ、できることから進めていこうと考えています。例えば、東北地方にインバウンドは7％しか来ていないことをネガティブにとらえるのではなく、これからの伸びしろが93％もあると希望をもった考え方を私はします。今のやり方を変えれば、できないことはありません。

地方の建設業者を「準公務員」「協同組合」として守る

建設業界に若い世代の流入を増やすためには、建設の仕事が生涯を通じて取り組むだけの価値をもつことを目に見える形で示す必要があると考えています。そこで重要になってくるのがキャリアパスの設定です。

建設現場で働く人々の多くはさまざまな現場を渡り歩いて経験を積んでいくため、一人ひとりの能力を横断的に評価する仕組みが存在せず、業界でのスキルアップの仕方やキャリアパスが定まっていませんでした。したがって実績と処遇が結びつきにくい状況があり、特に管理能力や後輩の指導といった、現場での本人の生産性の高さとは違った能力について正当な評価がなされなかったと考えられます。若い世代が、業界にいながら未来の自分の姿が描けず、生涯を通じ働いていくイメージが湧かないのも、志望者の少ない原因となっています。

もっとも、中小零細企業では生涯にわたってステップアップしていけるほどの役職数は存在せず、キャリアパスというほどの道筋を用意するのが難しい場合がほとんどです。この問題に対し、国土交通省が推奨するCCUS（建設キャリアアップシステム）を活用して改善を図るのは一つの方策です。CCUSは、働き手の技能の公正な評価を進めるべく開発されたもので、システムに登録してIDが付与されたICカードの交付を受けるのが活用の入り口となります。そのうえで、IDの持ち主がいつ、どの現場に、どの職種や立場で働いたのか、どんな資格を取得し、どういった講習を受けたかといった日々の就業実績を電子的に記録し、ICカードに蓄積していきます。企業側はCCUS

を人事評価に活かせるように事業環境を整えさえすれば、小さな会社であっても、ＩＣカードに蓄積された情報を基に、働き手を正当に評価し、処遇を改善する仕組みをつくることが可能となり、それがキャリアパスとして機能するはずです。

私は常々、行政に建設業者を準公務員扱いにするアイデアを提案し続けています。公共工事の量で業績が左右される地方の建設業では、収益が安定していないというのが経営を続けるうえでの障害となっており、長期雇用による人材育成の壁となっています。

インフラの整備や維持管理、災害時の緊急出動といった業務は、少なからず公共性をもったものです。そうして地域のために働く建設業を、準公務員扱いとするのは決して突飛な話ではないはずです。また、通常は年度単位で交わされる公共工事の契約を、複数年契約に延長するというのも雇用の安定につながります。特に毎年実施されるような工事については、3年分や5年分まとめて同じ業者に発注すれば、売上予測が明確化されるため人員確保に際しても格段に動きやすくなります。これは1社のみに利益をもたらすという話では当然なく、例えば地域で建設組合を立ち上げて、組合を窓口として中長期で仕事を受けて、組合員である中小の会社に割り振っていくというやり方をすることもできます。実際に私が仙台市で「杜の都建設協同組合」を設立し、官公需適格組合制度の適用を受けるべく仙台市とも調整のうえで組合として複数年契約をもらう仕組みをつくって取り組み始めたところです。

官公需とは、国や地方公共団体などが物品を購入したり、サービスの提供を受けたり、工事を発注したりすることを指します。この官公需の受注機会を、中小企業にもできるだけ多く与えるため「官公需についての中小企業者の受注の確保に関する法律」(官公需法)が制定されています。そして官公需の受注に対し意欲的であり、かつ受注した案件は十分に責任をもって納入できる組合であることを中小企業庁が証明するというのが官公需適格組合制度です。この証明を受けられる組合は、中小企業者で構成されている事業協同組合、企業組合、協業組合等で、認可に当たっては黒字が2期以上など厳しい基準を満たさねばなりません。その代わり、一部の公共事業で入札時の優遇や適正価格での受注といった恩恵を受けることができ、結果として受注が安定します。杜の都建設協同組合では基盤整備に約5年の歳月を要しましたが、2022年度に無事に認定を受けられました。

大規模な仕事を受けるのが体力的に難しい中小の会社にも分割して仕事を割り振っていくことで、しっかり利益を出せるような体制にしていきたいと思っています。このような対策を行政主導のもとで各自治体が取り入れ、倒産、廃業する会社を一つでも減らすのが、地域の安全安心を守ることにつながります。

「3K」を脱却し「4K」の時代へ

建設業には、地図に残るような建築物を自らの手で造っていく喜びややりがい、国民の生活を守る誇りをもてる仕事であることなど、魅力がたくさんあります。にもかかわらず、実情や魅力の部分を発信する力が弱く、悪いイメージばかり先行して若い世代を惹きつけられないというのが、建設業界の大きな課題なのです。

しかし現在、いちばんの問題となっているのは後継者不足による廃業率の高さです。現状は営業や社長の人脈で補っていますが、それには限界があるため、組合がその部分を補い、施工部隊と協力し合い、地域を支えていく必要があります。そうすると後継者がいなくとも、体力が続く限り社長としての役割を果たすことができます。もし社長が引退する場合には、組合が社員を引き取ることで、技術のある職人の雇用を守ることができるのです。

また建設業界への若い世代の流入にはブランディングも効果的です。いまやあらゆる業界の企業にとって必要とされていますが、建設業界ではまだまだその実践度が高いとはいえません。実は国土交通省でも建設業のイメージアップを図るべくリブランディングという概念が提唱されています。これまでのイメージを変え、新たにブランディングすることを各企業に対し推奨しているのです。

ですから、まずは自社のブランディングから始めるというのが現実的です。自社のブランディングに成功すれば建設業界の志望者から選ばれる存在になり、人手不足解消への道筋がつく可能性が大いにあります。

建設業で、人材獲得につながるブランディングの鍵となるのはこれまでのイメージを覆すような職場環境であり、給与体系の見直しや、労働時間の短縮、おしゃれな作業着の採用といった改善にも取り組んだうえでアピールしていく必要があります。建設業はこれまで「きつい、汚い、危険」というういわゆる３Ｋといわれていましたが、現在では「給料が高い、休暇が取れる、希望が通る、かっこいい」の４Ｋを目指して各社がイメージ改善の取り組みを行っています。また昨今では、重機をまるでゲームのコントローラーのような装置で遠隔操作を行い、炎天下のなかではなく、オフィスにいながら業務が行えるよう職場環境の改善も積極的に行っています。これからも建設産業一丸となって、便利な技術を取り入れ、想像を超えるような革新を起こしていきます。

ただ経営に余裕のない中小企業では、なかなかそうした改革に着手できないものです。そこで私が重視するのは事業内容によるブランディングです。若い世代が共感し、この会社で働きたいと思うような事業を展開し、周知していけば自然に注目は集まります。

そのためには社会の変化を敏感に察知し、それに対応できる事業展開を考えることが必要です。そして、自社が事業を通じて世界をどのように変えていくのかを明確に発信していくことが、若い世代に訴えるブランディングにつながります。

建設業者が担っているのは「当たり前の生活」の維持

人材不足や社会情勢などにより経営が極めて不安定となっている地方の中小の建設業者が、今後耐えきれず倒産して減っていくとどうなるのかというのは、業界だけではなく日本全体で考えるべき重要な課題です。建設業者は地域の生活を支えるインフラの整備や維持管理を担う、いわばかかりつけ医であり、自然災害の発生時には危険を顧みずに復興に尽力し、安全と安心を確保する救急救命医の役目も果たす、地域の守り手であるからです。日常の当たり前をつくっているのは、建設業にほかならず、その街に暮らす人にとって快適で文明的な暮らしを支えています。それこそが建設業の使命であり、存在意義であると私は考えています。

●日常的なインフラの整備と維持管理

日本における上下水道・道路・橋・トンネルなど生活区域でのインフラは、大都市圏では整いつつありますが、まだまだ整備の余地があり、地域の建設業者が維持管理も含め日々対応しています。一方で多くの地方ではインフラの老朽化が進んでいるだけでなく、大都市部以上に整備や改修、補強の必要がある箇所が多数あり、各自治体の厳しい財政状況を鑑みると、危機感をもって早急に取り組むべき課題といえます。その地域の建設業者が淘汰されて維持管理の手が十分に回らなければ、住民の生活に深刻な影響を及ぼします。例えば、下水管に穴が開き、土が流出することで道路が陥没してしまいます。それにより下水道管更生（問題のある下水管をさまざまな方法で修復すること）や道路も含めた改修が急務となります。

雪の多い地域では除雪作業が欠かせません。道路をはじめとした公共インフラの除雪は建設業者の仕事です。人手が不足して除雪が満足にできなくなれば、雪のない道路に車が集中して大渋滞を生んだり、あるいは道路が遮断され孤立する地域が出たりして生活に大きな支障が出ます。実際に、新潟県や鳥取県など一部の自治体ではすでに起きつつあることです。

そのほか、森林を取り巻くさまざまな問題にも課題を感じています。例えば、手入れ不足や管理放棄による災害リスクです。

日本の国土は、森林が3分の2を占めています。そのため今後も伐採などの森林管理が必要不可欠です。しかし林業経営者の高齢化や木材価格の下落に伴い、管理者が減少している現状にあります。管理されている森林であれば、木々が適切に伐採され地面にまで日光が届くため、根を深く張ることができ、災害時にも倒木しにくくなります。しかし管理されていない状態が続くと、木々が伸びきり、日光が当たらないため、下草が生えずに地面が露わになります。すると台風や暴風によって木々が倒れ、それが自然のダムと化して、大雨が降るたびに決壊し、おびただしい数の流木が平野部に流れ着き、橋や堤防を破壊していきます。

このような被害を未然に防ぐためにも、地方建設業者は地方自治体と連携し、林業従事者の育成にも力を入れていくべきだと思います。

●災害時のインフラの確保、ライフラインのいち早い復旧

日本は世界でも特に自然災害が多い、災害大国です。国土が全世界の1%にも満たな

い広さであるにもかかわらず、世界で起こるマグニチュード6以上の地震の2割が日本で発生しています。北海道から九州まで、分かっているだけで約2000も存在する活断層は、最近の地質時代に繰り返し活動し、将来も活動すると予想されている断層です。いまだ見つかっていない活断層があるのも考慮すると、日本のいつどこで大地震が起きてもおかしくはないのです。

地震だけではなく、津波、火山の噴火、台風被害、土砂災害、雪害、豪雨災害などさまざまな自然災害も発生しやすい環境にあります。近年は、地球規模での温暖化などの影響もあってか、自然災害の発生件数や被害が拡大傾向にあります。中小企業庁が作成した「我が国の自然災害発生件数及び被害額の推移」というデータでは、1971年から2018年までの自然災害の発生件数と被害額がまとめられており、その両方とも増加傾向にあります。自然災害で件数が最も多いのは台風で、地震、洪水と続きます。被害額では地震が全体の82・8%を占めており、特に1995年の阪神・淡路大震災と、2011年の東日本大震災が起きた際の被害額が突出して大きくなっています。被害額の大きさは、すなわち失われた物、破壊された物の大きさを意味し、いかに地震が恐ろしい災害かを物語っています。

自然災害は私たちが日本に住むうえでのいわば宿命であり、避けることのできないリスクです。いざ災害が起きたとき、現場にいち早く駆け付けるのは自衛隊や消防ばかりではありません。建設業者が現場に入り、道路を塞ぐ障害物を排除したり、通行の妨げになる穴を埋めたりしなければ救助活動自体が進まないのです。災害後にも、ライフラインの復旧から始まり、土砂やがれきの排除、インフラの再構築、新たな住宅の建築まで、復興作業の多くは建設業者がいなければ成し遂げられません。

もしも地域に建設業者がいなくなってしまえば、こうした作業のすべてをほかの地域の業者に任せることになり、人命救助も災害からの復興もスピードが遅れます。すなわち、地域の建設業者の数が減るほど防災力が低下し、災害時のリスクが大きくなるのです。

建設業が担っている役割は、なかなか代替の利くものではありません。代替が難しい以上、まずは今いる建設業者を守らねばなりません。しかし今後は、地方に根差した中小零細の建設業者がどんどん淘汰されていく時代が来ます。それをどのようにして防ぐかは、業界にとどまらず国としても検討すべき課題です。

また災害が起きた地域とそうでない地域の業務量にも格差があります。例えば、社員を違う地域に派遣する場合は、もともと所属しているA社を退社させ、B社に移籍させる必要があります。仕事の取得が可能になる3カ月後にならないとできないことや、社員の永年勤続の問題から、あまりうまく移籍ができていない実情があります。しかし、ひとたび災害が発生すると、人材が不足することが目に見えているため、東日本大震災のときには自社に所属させ続けながら人材をシェアできる「復興JV制度」が創設されました。限りある技術者をうまく活用すべく今後は全国に広げていく必要があると考えています。

第2章

故郷を救いたいという一心で始めた
小水力発電プロジェクト
老朽化する地方インフラを再生し、
地元の限界集落を救済

老朽化し、もはや壊死しつつある地方インフラ

建設業の重要な役割としてインフラの整備や維持保全がありますが、実は今、地方にあるインフラの老朽化が進み、それが住民の安心安全を脅かしています。国や自治体によるインフラ整備は、主に高度経済成長期に集中的に行われました。施設や設備の老朽化の度合いや耐用年数は一律ではないにせよ、建設後50年以上経過すればコンクリートの剥落や金属の腐食など何らかのトラブルが起こるリスクが高まります。

そして現在、道路や橋、トンネル、ダム、上下水道、送電線といった社会インフラにおいて、実際に老朽化した施設や設備の割合が加速度的に増えつつあります。

人口が多く税収も高い都市部であれば、インフラの整備や修繕に対し自治体として予算をかける余裕があります。万が一壊れても、自治体から要請を受けた建設業者がすぐに現場に向かい、直せます。これは十分な予算に加え、必要な数の建設業者がいるから

建設後50年以上経過する社会資本の割合

	2020年3月	2030年3月	2040年3月
道路橋 ［約 73 万橋（橋長２m 以上の橋）］	約30％	約55％	約75％
トンネル ［約１万 1000 本］	約22％	約36％	約53％
河川管理施設（水門等） ［約４万 6000 施設］	約10％	約23％	約38％
下水道管渠《かんきょ》 ［総延長：約 48 万 km］	約５％	約16％	約35％
港湾施設 ［約６万 1000 施設（水域施設、外郭施設、係留施設、臨港交通施設等）］	約21％	約43％	約66％

出典：国土交通省資料「社会資本の老朽化の現状と将来」
※建設後50年以上経過する施設の割合については建設年度不明の施設数を除いて算出

こそできることです。

一方で多くの地方では、まずインフラを整備するだけの予算的な余裕がありません。特に財政難に陥っているような自治体は、日々の公共サービスをなんとか維持するだけで精いっぱいです。いくら橋やトンネルが老朽化していると分かっていても、修繕や撤去の予算を捻出できないという現実があります。仮にぎりぎりの予算を確保できても、実際にインフラを整備する能力のある人員、すなわち建設業者がいなければ作業はできません。地域外から業者を招こうとすると、移動や運搬費用などでコストが跳ね上がります。

結果として、地方で老朽化したインフラはもはや壊死しつつあるのにもかかわらずそのまま放置されています。読売新聞が2019年に行った調査では、点検により損傷度合いが最も深刻だと判定された580カ所のうち、4割近くで修繕や撤去の見通しが立っていないという実態が明らかとなりました。

財政難の自治体に突きつけられる、究極の二択

2012年12月、山梨県大月市にある中央自動車道笹子トンネルで天井板崩落事故が発生しました。天井に貼ってあったコンクリート板が130メートル以上もの区間にわたり落下し、走行中の車両が複数台巻き込まれ、9人が亡くなるという痛ましい事故でした。事故後、国は5年に1度のトンネルや橋の定期点検を義務付けましたが、予算不足や建設業の人員不足から、各地方でのメンテナンス作業は十分に進んでいるとはいえ

ません。

また、２０１８年６月末から発生した西日本豪雨の影響により、広島県坂町にあった砂防ダムが決壊し、大きな被害をもたらしました。土石流は広島湾に面する人口約１８００人という小さな集落をのみ込み、10人以上の命を奪いました。決壊したのは１９５０年に造られた石積みの砂防ダムで、その時点で70年近くが経過しており、住民から老朽化を懸念する声も上がっていました。その不安が最悪の形で現実のものとなり、幅約50メートルにわたって築かれた壁のほぼすべてが決壊しました。同じように古く強度の足りない砂防ダムは全国に点在していますが、どの自治体も予算と人員が確保できず、十分な修繕や対応が行えていないのが現状です。

２０２１年10月には、和歌山県和歌山市を流れる紀の川にかかる六十谷《むそた》水管橋の一部で、アーチと水道管をつなぐ吊り材が老朽化して破断し、崩落事故が起きています。それにより紀の川北部に住む６万世帯が断水し、13万８０００人の生活に大きな影響が出ました。和歌山市では水管橋と並行する橋を通行止めにして、仮の水道管をその上に走らせ断水を解消させたのですが、崩落した水道橋自体の架け替えには半年以上を要しました。事故の要因となった吊り材の腐食は、定期的な点検と修繕が行えていたなら事前に防ぐことはできました。和歌山市では定期的に目視による点検を行っていましたが、人の目に頼った点検では表面しか確認できず、限界があります。かといって本格的な点検作業には予算と人員が必要で、それをどう捻出するかという課題が残ります。

もちろん、このような事故のいずれもが保全に無関心だったわけではありません。老朽化のリスクがあると分かっていてもなかなか手を出せず、結局何もできなかったというケースがほとんどだと思います。財政の破綻を顧みず安全重視でインフラを維持するという決断もまた現実的ではありません。財政難の地方は今、ぎりぎりの状況に置かれているのです。

崩壊しつつある地方の水道事業

財政と安全の板挟みに苦しんだ末に、インフラの切り捨てを選択する自治体も出てきています。富山県富山市では２０１５年度から、橋の維持管理に優先順位をつける「橋梁トリアージ」を始めました。トリアージとは、多数の傷病者が同時に発生した場合、緊急度や重傷度に応じて治療の優先順位を決めることであり、まさに究極の選択です。富山市は、老朽化の度合いや住民の使用頻度などから、これまでどおり維持修繕を行う橋と、通行止めにして使用しない橋を分類しています。

なお橋梁トリアージを進めるに当たり、富山市は次のように述べています。

富山市の行財政運営は一層厳しさを増し、橋の老朽化は日々進行します。
私たちと同じように橋にも寿命があり、いずれ使えなくなる時が来ます。
富山市が管理する橋は約２３００橋。
限りある資源で全ての橋をこれまでのように守り続けることは困難です。

（富山市「富山市橋梁マネジメント修繕計画」２０２２年）

これは、富山市だけではなく財政難に悩む多くの地方の切実な声ではないかと思います。

しかし、橋のように通行止めにすれば維持管理しなくて済むというわけにはいかないのが、ライフラインである水道です。日本の水道システムは高度経済成長期の1955〜1970年代に急速に普及しました。その水道管の法定耐用年数は40年ですが、日本における水道管の総延長約72万キロのうち17・6％に当たる約13万キロが耐用年数を超え、実際に破裂事故などが起きています。本来なら水道管の修繕や入れ替えを行って全国的に更新する必要がありますが、水道の年間更新率は低下する一方で、2001年の1・54％から2018年には0・68％となっています。

地方における小規模な水道事業では、水道施設を管理する人材が不足しています。水道管を新しく替えようにも財源がなく、また作業者の数も十分ではありません。ただでさえ水道事業の経営は現在危機的状況にあります。人口減少などで水の使用量が減った結果、料金収入による独立採算制である全国の水道事業者のうち約3割が赤字に転落し、その多くは税収の少ない地方によるものです。この先さらに過疎化が進めば、必ず水道事業が運営できなくなる地域が出てきます。

２０１９年に施行された改正水道法により、運営権を民間に売却することが可能となりましたが、わざわざ地方の小規模な赤字事業に手を出そうとする民間の事業者がどこまでいるか、正直疑問です。地方における水道の老朽化は現在も解消されておらず、そこに住む住民の生活、そして命を守るための、新たなスキームの構築が求められています。

生まれ故郷からもち込まれた相談

こうして水道事業について警鐘を鳴らすのは、実際に私の元へ、水道の老朽化についての相談がもち込まれた経験があるからです。２０１６年、相談の主は私の生まれ故郷であり、今でも深松家の本家がある富山県朝日町の笹川地区に住む、私のいとこ（私の会社の専務）でした。彼は深刻な顔で、水道管が毎年破裂して断水するという大変な事態について打ち明け、何か良い方法はないかと私に相談してきたのです。

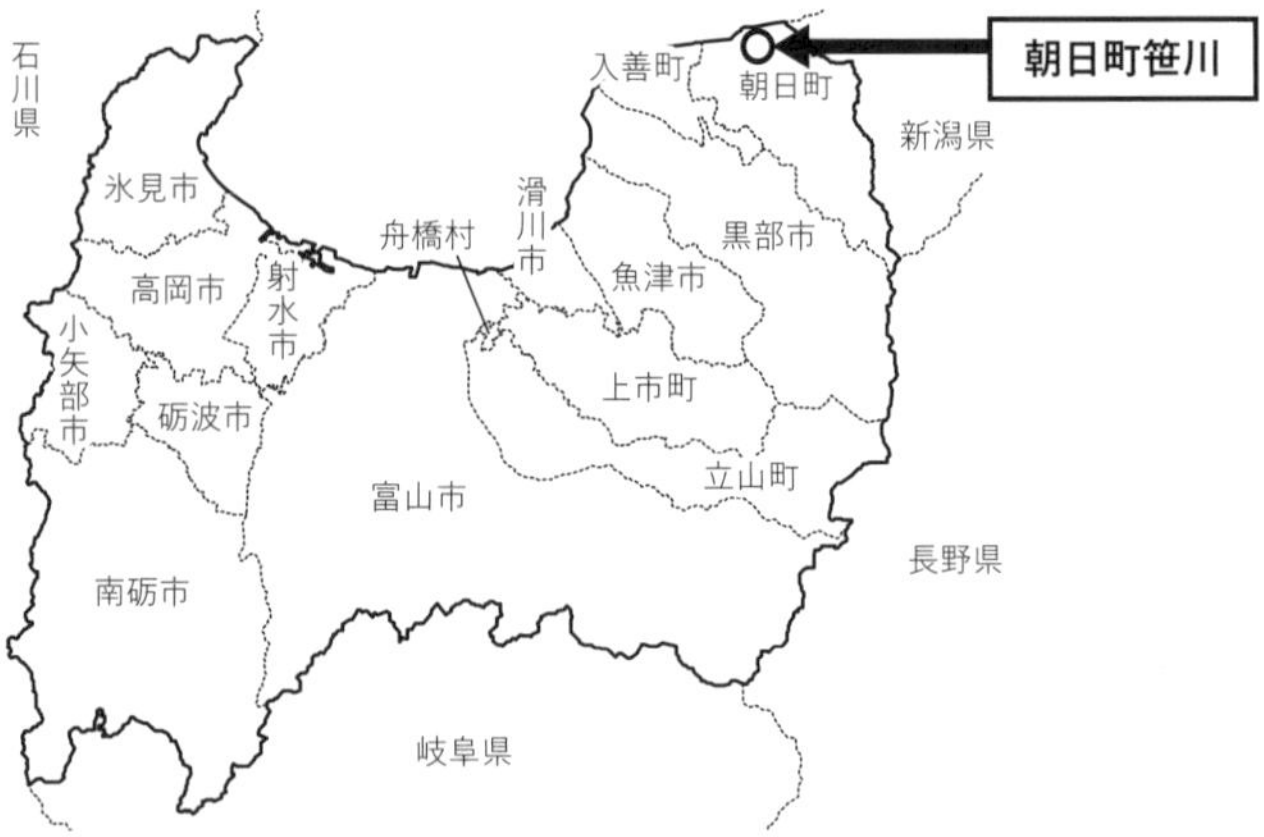

富山県朝日町笹川地区

朝日町笹川地区は、富山県の東端の山間部に位置する総人口２２８人の小さな集落です。笹川地区に簡易水道が入ったのは40年以上も前のことで、住民が組合をつくってその維持管理を行ってきました。それが老朽化によってぼろぼろになり、頻繁に破裂するというのです。水道を使わないわけにはいかないので、パンクのたびに修繕を行い、その費用は住民たちで均等に割って支払っています。

すでに耐用年数を超えており、トラブルが起きているのですから、本来ならすべての水道管を新しく入れ替えるべきです。しかし問題は、その費用が住民たちではとても捻出できない額であるということでした。試算したところ、約

老朽化した簡易水道設備

4キロにわたる水道管の刷新には計3億円もの費用がかかります。

笹川地区には100世帯余りしかいないため、3億円を住民全員で割るとすると世帯あたり300万円を支払わねばならない計算です。住民が働き盛りの世代で収入がしっかりとあるならともかく、過疎化の進む笹川地区に住んでいるのは60代、70代、80代といった年金頼りの高齢者ばかりで、300万円ものお金を用意できる人はごく限られ、3億円を集めるのは不可能でした。しかしこのまま使い続ければ、水道管はどんどん破裂し続け、いつか修繕費用を払えなくなるときがやってきます。最も重要なライフラインの一つである水道が断たれれば、そこにはもう人が住めなくなります。それはいわば集落に対する死刑宣告にも等しいもので、あとにはただ廃集落だけが残ることになってしまいます。

自らの生まれ故郷が、そのようにして消滅する可能性があると聞かされて、私としても黙っているわけにはいきません。新たな道はないものか、暗中模索の日々が続きました。

小水力発電を故郷再生の切り札に

集落を維持するには、水道を使える状態を保つのが大前提であり、そのためにはやはり耐用年数の限界を迎えている水道管をすべて替える必要があります。さしあたっての問題は、その費用をどのようにして捻出するかということになります。

とはいえこれといったアイデアは一向に浮かばず、焦りといら立ちの日々が続いていました。

そんなとき、もともと知り合いだった井上工務店の井上常務がすみれ地域信託株式会社という信託会社を設立し、社長に就任したという話が私の耳に入ってきました。私は実際にどんな事業をしているかを教えてもらうために名古屋まで会いに行くことを決め、事前に電話をした際に、井上社長が飛騨高山エリアで河川を使った小水力発電の事業化をすでに手掛けており、地域と共同で出資を行う仕組みをつくっていることを知ったのです。

私が水力発電に強く惹かれた理由、それは私自身の会社の創業事業が水力発電所の建設だったからにほかなりません。私はさっそく井上社長にお願いして、水が豊富な朝日町で小水力発電ができる場所があるかどうか調べてもらうことにしました。

小水力発電とは、一般河川や農業用水路といった比較的小規模な水の流れの中に水車などの発電機を設置してタービンを回し、発電する手法です。

日本では、発電出力が１０００キロワット以下なら小水力発電、それを超えるものは水力発電と分類するのが一般的となっています。世界的に見ても豊かな水資源をもち、水の国とも呼ばれる日本では、小水力発電に適した河川や水路が全国的にかなりの数、存在していると考えられます。また、発電設備は基本的に小規模であり、野山を大きく切り拓いて設置するような手間がかかりません。水の流れを利用しているだけなので、発電の工程において二酸化炭素の発生が最も少なく、環境への負荷が少なくて済みます。数ある自然エネルギーのなかでも、水力は国内で最も活用しやすい資源の一つなのです。

後日、名古屋を訪れた私に、井上社長は話を始めるやいなや地図を広げて指を置き、1カ所だけ最適な場所があると示してくれました。しかもそこは権利上の問題がないことも確認済みでした。

それを見て私は驚き、思わず立ち上がりました。なぜなら井上社長が指し示したその場所こそ、小さな頃から慣れ親しんだ、笹川地区の笹川であったからです。約227平方キロメートルの広さの朝日町には、大小いくつもの川が流れています。そのなかで、可能性のあるところが自らの地元を流れる笹川であったということに、私は運命を感じました。創業事業である水力発電で、なんとしても故郷を救えと、ご先祖さまから背中を押されているような気がしてならなかったのです。

そのとき、ある考えが浮かびました。河川を利用して発電し、その電気を売る――つまり売電で得た利益を水道の補修費用に充てることを思いついたのです。

その後小水力発電についてさらに学ぶとともに、笹川で1年にわたる流量調査をした結果、長期的視野で展開すれば十分に勝算があるというのも分かってきました。笹川は周囲の森林の保水力によって年間を通じて水量が豊富であり、小水力発電に適しているといえました。水量が安定しているというのはすなわち、発電量もまた安定するということです。

そこで当初に考えたとおり、笹川で小水力発電を行い、そこで生み出した電気を売って収益を上げ、それを水道管入れ替えの資金に充てるというアイデアで計画を進めることに決定しました。より具体的には、まず総額8・4億円を投資して小水力発電所の建設と水道管の更新と水処理施設の改修を行います。小水力発電の売電収入は1キロワットあたり34円で、小水力発電で得られる電力を金額に換算すると年間4800万円ほどの収入となります。これは、再生可能エネルギーで発電した電気を電力会社が一定価格で一定期間買い取ることを国が約束するという、再生可能エネルギーの固定価格買取制度（FIT）があるからこそ確定できるものです。返済計画としては、20年間で総事業費の8・4億円のすべてを支払い終えるという計算でした。

　こうして机上ではうまくいきそうなプランができましたが、問題は初期投資としてかかる8・4億円もの資金をどうやって用意するかでした。まずは自分のアイデアと計画を朝日町の町長に相談してみたところ、もろ手を挙げて賛成してくれ、簡易水道の助成金の通常割合である2割ではなく、3割の約6000万円を町として支援してくれることになりました。また、自分の故郷に対する恩返しの気持ちが強かったことから、1億8000万円は自社で用意しました。残りの6億円については、やはり金融機関にお願いするしかありませんでしたが、地方にはメガバンクが支店を構えていないことも多く、地元の金融を支えているのは多くの場合、その地域に根づいた地方銀行です。朝日町において最も地域とつながりの深い銀行は北陸銀行であり、私はまず支店長に話をつけてもらい、頭取の元を訪れて、なんとか融資をしてくれないかと直談判しました。

　ただ、小水力発電の売電収入で集落の水道設備を刷新するという前例のまったくないスキームをどれだけ信用してくれるかは未知数であり、いくら地域と密着した銀行であっても経営判断として断られるかもしれないと考えていたのですが、その予想は見事に裏切られました。銀行はＳＤＧｓや、Environment（環境）、Social（社会）、Governance（ガバナンス）に配慮したＥＳＧ投資に対しては積極的に投資を行います。頭取はひとおり私の話を聞いたのち、地域を守る事業としてすばらしいと認めてくれ、後日満額の融資を約束し、さらには20年という返済期間にかかる金利を通常よりも大幅に安くしてくれました。

水力発電から始まった会社の歴史

私が水力発電に思い至ったのは決してただの偶然ではありません。そもそも私の会社と水力の利用とは祖父以来の長年の関わりがあったのです。

歴史を紐解けば、１９２５年に祖父の深松幸太郎が興した個人事業にそのルーツがあります。祖父は、土木工事のいわゆる親方の立場にあり、依頼があれば人を集めて工事を行っていました。そして、主な事業だったのが水力発電所の施工でした。

当時、田舎ではまだまだ電気が通じておらず、送配電網も整備されていませんでした。そこで広まっていったのが水力発電です。特に北陸地方の富山県や新潟県などは水資源が豊富であることから水力発電にうってつけの環境であり、新たな水力発電所が続々と誕生するなか、当時の会社はその土木工事を請け負っていたのでした。

ただし、いくら小規模な発電所であったとはいえ、電気の通じていない山間部に設置するわけですからかなりの苦労が伴いました。当時は今のような重機など存在しません。縄や蔓を袋状に編んで作ったモッコという運搬道具に土砂を入れ、棒の両端に乗せて運んだり、縄をひっぱって高所への資材の上げ下ろしをしたりと、工事はすべて人力で行われていました。石を積む高さも地面を掘る深さも熟練職人の勘に頼る部分が多く、工事の進行や成否は職人の技量に左右されたため、大手の業者であるかどうかということはあまり関係がありませんでした。ですから建設の依頼主としては、都会の大きな会社に頼むよりも、その土地に精通した地元の事業者に仕事を任せることが多くあり、祖父が会社を立ち上げて間もない頃から、いくつもの仕事が舞い込んでいたようです。

人力頼みの土木工事にはかなりの人手が必要となります。水力発電所の建設に当たっては、建設地である山の上に作業員たちが住む集落が一つできてしまうほどで、そこに雑貨店などのお店まで出ていたというから驚きです。土木作業自体はまさに命がけで、ダムを一つ造るのに１００人以上もの人が命を落とすこともありました。それこそが日本の土木の原点であり、このような大変な時代を経て今の建設業があるのです。

その後、最大の得意先であった東北電力の発展とともに成長を続けていきます。そして１９５３年８月５日、朝日町から東北電力の本社がある仙台市に当時の私の会社も本社を設立し、現在へと至っています。

このように私の会社の誕生、そして発展の礎となった事業が水力発電所の建設であり、今思えば小水力発電による発電設備の建設と信託スキームの設立も自然なことだったのです。

信託方式を採用し安全性の高いスキームを構築

こうして動き出した小水力発電プロジェクトですが、20年という長期にわたることもあり、私には一つの懸念がありました。万が一、私の会社が倒産してしまったら住民たちはどうなるのかと、それだけが心配だったのです。そんな事態になれば、まず会社が買収した土地を債権者に押さえられてしまうリスクがあります。また、代わりに発電所や水道の維持管理を取り仕切る企業を探すことになりますが、もしその請負先が営利目的で事業を展開し、水道料金を上げて利益を積み増そうとするようなことがあれば、故郷に申し訳が立ちません。不測の事態が起きても計画どおりにプロジェクトを進めるには、保険をかけておく必要がありました。

そこで私が採用したのが信託会社を間に入れた独自のスキームです。すべての資金をいったん信託会社に集め、そこを窓口として工事の受発注や支払いを行う形にしました。会社が出資する資金や買い取る予定の土地についても、包括信託として預けます。こう

発電+水道の事業スキーム

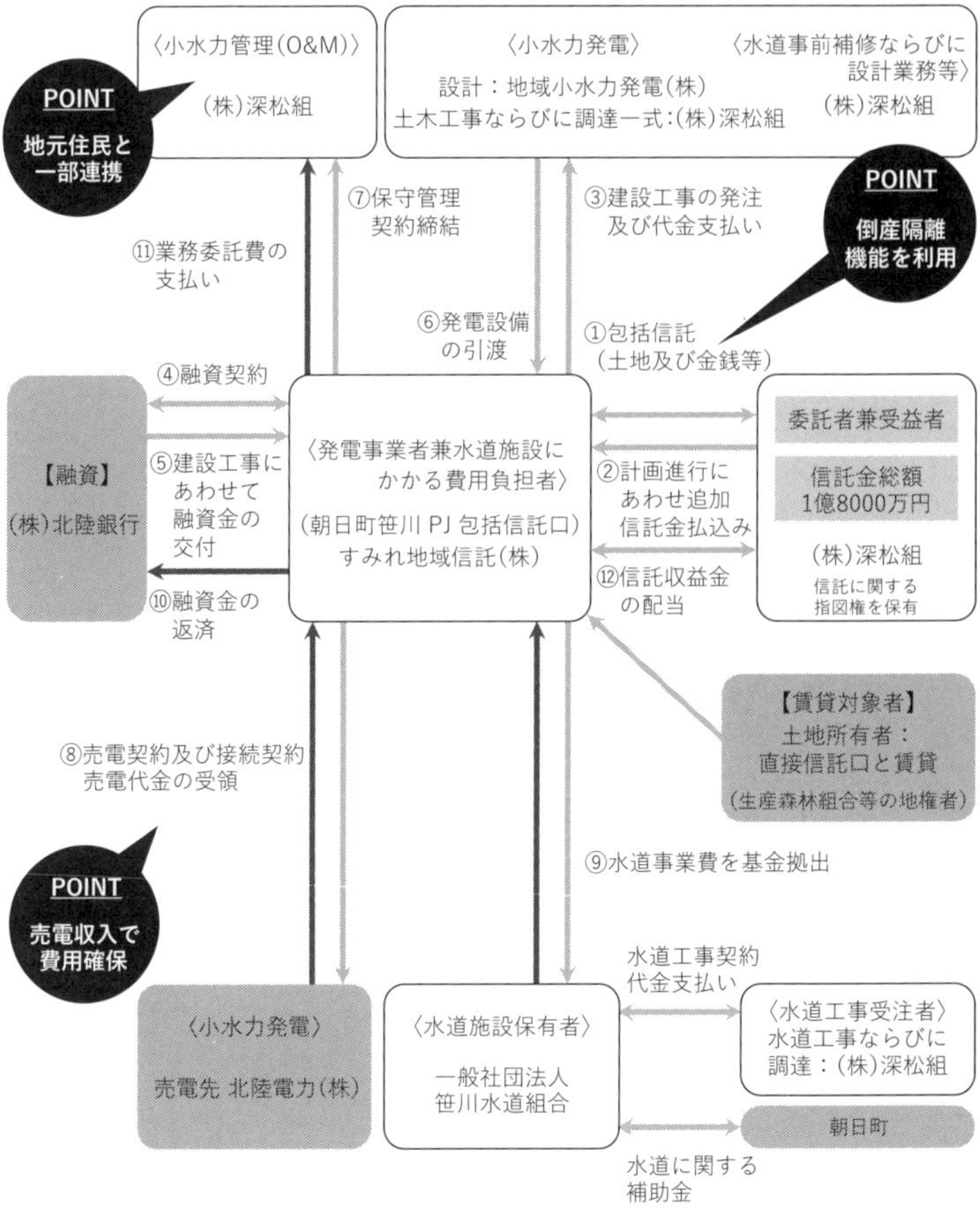

して信託された財産は信託会社の名義となり、債権者による強制執行の対象ともならないため、たとえ会社が倒産してもその影響を受けません。これは一般的に倒産隔離機能と呼ばれるもので、信託ならではの特徴です。

住民の側からこのスキームを見れば、万一に備えてのいわゆる保険が利いた状態となって安心できますし、信託会社という金融機関が間に入ることで社会的信用度が高まり、銀行としてもより融資しやすくなります。こうしたメリットには、信託会社に支払う報酬以上の大きな価値があります。

そのほかの工夫としては、小水力発電所の管理業務の一部を地元法人などへ委託しています。自然環境のなかで行う小水力発電では、雨が降れば木々の枝などが流れ込んでくるため、それらを定期的に除去する人員が必要になります。危険を伴う作業や専門的な保守点検は私の会社で請け負い、見回り点検作業などは地元法人などにお願いするなど、地域の人々と連携して発電所の運営を行います。

プロジェクトにおける事業スキームのメリットをあらためてまとめると、大きくは以下の3つになります。

・自然資本を活用し、住民の負担なく水道管入れ替え費用を確保
・信託方式の採用により、20年にわたる事業を安定化
・管理業務の一部を地元に委託、地域住民と連携し発電所を運営

スキームを現実に動かすには、地元住民や金融機関をはじめ多くの人々の協力が必要になるにせよ、スキーム自体は、笹川地区と同じような悩みをもつ地域にそのまま転用できるものになります。また、笹川地区では小水力発電が最適解でしたが、例えばバイオマスなど地域特性に合わせた発電方法を活用して同様のスキームを組むことも考えることができます。建設業の領域である土木や建築といった工事も必然的にスキーム内に組み込まれますから、そこで自社の仕事を確保できるという利点もあります。

そしてなにより、住民の生活を守るという社会的意義の大きいプロジェクトを自ら進められるのは、経営者冥利に尽きます。その地域の悩みや課題をよく知る地方の建設業者こそ、こうしたプロジェクトを積極的に提案していける存在なのです。

利他の心と誠意がプロジェクトを動かす

スキームが確立しても、当然ながらそれだけでプロジェクトが動いていくわけではありません。むしろ大変なのはその後で、多岐にわたる関係者と綿密に協議を進め、賛同を得ていかねば着工にすらたどり着けないのです。

いくら地域のためになることとはいえ、笹川地区の住民にはしっかりとした説明が求められます。地域住民が味方になると、建設予定地の買収や、地域で漁業や農業を営み水利権をもつ人々への保証など、さまざまな交渉事が一気に進むようになります。まずは住民へのアプローチから始めるべきです。

ただしここで住民から、ただ儲けたいだけではないのか、住民を丸め込もうとしているのではないかなどと疑いをもたれてしまえば、その後の交渉が難航するのは間違いありません。私が自分の故郷である笹川地区で事業を行った場合でさえ、そうした不信感を抱く人が一定数いましたから、どの地域でも同様のことが起こる可能性はあります。

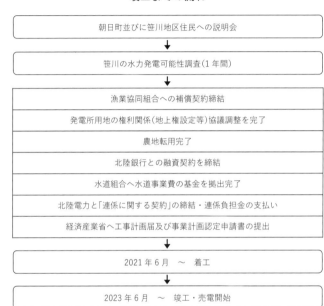

竣工までの流れ

朝日町並びに笹川地区住民への説明会

↓

笹川の水力発電可能性調査（1 年間）

↓

漁業協同組合への補償契約締結
発電所用地の権利関係（地上権設定等）協議調整を完了
農地転用完了
北陸銀行との融資契約を締結
水道組合へ水道事業費の基金を拠出完了
北陸電力と「連係に関する契約」の締結・連係負担金の支払い
経済産業省へ工事計画届及び事業計画認定申請書の提出

↓

2021 年 6 月 ～ 着工

↓

2023 年 6 月 ～ 竣工・売電開始

そんな人々に対しては、とにかく足しげく通って信頼を築いていくしかありません。その際にも、口先だけの説得ではなく、自らが地域のことを本気で思わなければ、心は動かせません。

誠意に加え、実際の計画を明確に示して賛同してもらうのが大切ですが、そこで数字ばかりを並べても理解されづらいものです。そのため専務が住民に説明する際は、いかに住民の生活がより良く変わるかという、地域の将来の姿を具体的に伝えることを意識していました。

そして住民とのやり取りのなかで最も苦労したのは、土地の取得でした。ほとんどの地主が、自分たちのためにやってくれることだと理解を示して安く売ってくれたのですが、相続を繰り返してきた結果、誰が土地の権利をもっているかあいまいになっている部分も多く、それを突き止めるのが大変でした。

また、行政との協議も欠かせません。メインとなる朝日町はもちろん、許認可の関係から富山県および土木の関連部署、さらには経済産業省ともやり取りが発生します。

このような協議、許認可申請と並行して、調達、すなわち発電機の選定と購入も会社で行う必要がありましたから、まさに大忙しです。小水力発電に用いる発電機に関しては、海外のメーカーの製品を探さねばなりませんでした。日本はこうした再生可能エネルギー関連の製品の製造において、ヨーロッパを中心とした先進国に大きく後れを取っています。国産品が手の届く値段で出回っていないというのも、日本で再生可能エネルギーがなかなか普及していかない大きな理由の一つです。

ちなみに本プロジェクトで採用したのは、オーストリアの機械メーカーが造る縦軸フランシス水車です。高低差と一定以上の水流のある笹川で最も力を発揮するのがこの水車型発電機でしたが、ほかにも落差がより大きなところ向きのペルトン水車や、小容量ながら経済性に優れるクロスフロー水車などさまざまな種類があり、川の特性に合わせて選ぶのが重要になってきます。なお、調達について自社で行う自信がなければ、コンサルティング会社の知恵を借りるか、電力会社に相談するといった手もあります。

初めての住民説明会が２０１７年10月に聞かれ、その後笹川の本格的な水量調査や各機関との調整、許認可の申請と審査、発電機の調達などをコンサルティング会社である地域小水力発電株式会社とともに行い、ようやく準備が整い、本格的に着工したのは２０２１年６月のことでした。

動き出しの早さが事業の成否を分ける

２０２１年４月26日、小水力発電の建設予定地で行った起工式には、20社以上のメ

笹川小水力発電所竣工式

ディアが訪れました。転載によって最終的に60社近くのメディアに掲載され、起工式は大変な盛況となりました。どのメディアも「国内初の信託方式による小水力発電」「売電収入により地域の水道を整備」といった点を強調して報じてくれ、より多くの人がこの新たな事業スキームについて知るきっかけになったと思います。そして無事に竣工を迎え、2023年6月30日、竣工式を行いました。ありがたいことに多くの地域住民に祝われた式となりました。

ただ、私は最初からこうした絵を描けていたわけではありません。故郷からもち込まれた相談に対し、なんとか故郷を救いたい、地域を守りたいという思いから解決策を求め動き続けま

笹川小水力発電所完成写真（2023年6月撮影）

した。私一人では到底成し遂げることができなかった事業ですが、すみれ地域信託の井上社長と甥である井上博成さんの尽力によってなんとかスキームが出来上がり、事業として成り立たせることができました。彼らがいなければスキームをつくることも叶わなかったと思います。

また、もし私がいとこからの相談を受けてすぐ動き出していなければ、このプロジェクトは実現していませんでした。これはあとで聞いた事実なのですが、笹川地区に水力発電所を造ろうとする会社がほかにあり、すでに説明会まで行い、住民たちが契約のハンコを押す寸前までいっていたというのです。もしそこで契約が締結されていれば、私の出る幕などありませんで

取水部および堰堤周辺完成写真（2023年6月撮影）

した。ただ、この会社はあくまで利益目的の事業を進めていたのであり、当然ながら、水道についての話など契約にはいっさい含まれませんでした。事業を行う以上、利益を出そうとするのはごく当たり前の話であり、私はこの会社を責めるつもりはまったくありません。しかし、売電収入のほとんどを地域に還元し、水道管を刷新する現在の形とは大きく違った事業になっていたのは間違いありません。

あとひと月アプローチが遅ければ完全に間に合わなかったという話を聞き、私はほっと胸をなでおろしたのでした。笹川はこの地域の住民にとってなによりの遊び場であり、憩いの場でした。そんな川と再びつながり、そこから恵みをもらって地域へと還元するというのは、私に課せられた大切な役割であったという思いがあります。

地方においては、笹川地区のように過疎化によってインフラ設備の維持が困難となる限界集落がかなりの数、存在しています。今後も地域インフラを継続的に保護していく取り組みの一つとして、都市部の企業が企業版ふるさと納税などを使い、地域貢献できる仕組みを構築していきたいと考えています。本プロジェクトが一つのモデルケースとなり、地域で老朽化したインフラを壊死から救い出し、さらには地方創生の入り口となることを願っています。

今後の社会のキーワードSDGsと向き合う

実は小水力発電プロジェクトには、地方の建設業者が今後、生き残っていくうえでの重要なヒントがあります。そもそも小水力発電によって笹川地区の水道管を刷新できる

SDGsにおける17のゴール

1・貧困をなくそう
2・飢餓をゼロに
3・すべての人に健康と福祉を
4・質の高い教育をみんなに
5・ジェンダー平等を実現しよう
6・安全な水とトイレを世界中に
7・エネルギーをみんなに そしてクリーンに
8・働きがいも経済成長も
9・産業と技術革新の基盤をつくろう
10・人や国の不平等をなくそう
11・住み続けられるまちづくりを
12・つくる責任 つかう責任
13・気候変動に具体的な対策を
14・海の豊かさを守ろう
15・陸の豊かさも守ろう
16・平和と公正をすべての人に
17・パートナーシップで目標を達成しよう

出典：外務省国際協力局「持続可能な開発目標（SDGs）と日本の取組」

のは、事業として収益が上がっているからにほかなりません。

自然界に存在する再生可能エネルギーには、水力以外にも、太陽光、地熱、風力などさまざまな種類があるわけですが、海洋発電など一部を除き、どれもそれなりの規模の土地が必要になります。都市部でそれを用意する費用は地方とは比べ物にならず、その支出を吸収するほどの大きな収益を得るのは少なくとも現在の発電技術では難しく、都市部で再生可能エネルギー関連の事業を展開するのはほぼ不可能です。これを逆から見れば、再生可能エネルギー関連の事業のチャンスは、地方にこそ眠っており、地方だからこそ利益を上げやすいビジネスだということになります。また、これまで地方に根を下ろして築いてきたネットワークや地域住民とのつながりにより、事業に対する理解を得やすいというのも強みとなります。

そんな地の利を活かさない手はなく、自らの地域と親和性の高い再生可能エネルギーをうまく選択すれば、十分に事業化のチャンスがあります。今後の社会では地球環境や持続可能性に配慮しながら企業活動を行うことが当たり前となっていき、それとともに再生可能エネルギーもどんどん普及しますから、お金が集まるようになるのです。

再生可能エネルギーの普及を後押しするのがＳＤＧｓです。この言葉自体は、経営者に限らずすでに多くの人が耳にしているものですが、地方の建設業者において、その概念を正しく理解したうえで事業に活かすというところまで浸透しているわけではありません。

ＳＤＧｓとはSustainable Development Goalsの略であり、日本語では持続可能な開発目標と訳されています。２０１５年9月の国際連合サミットで採択され、２０３０年までの間に持続可能な、より良い世界をつくることを目標としています。すでに海外ではＳＤＧｓがビジネスを進めるうえでの一つの指標となっており、持続可能な世界をつくるための取り組みをしていない企業に対して取引を拒否するところも出てきているほど、スタンダードな考え方となっています。

建設業は特にＳＤＧｓとの関連性が高い業種の一つです。建物を造り、改修し、解体するというサイクルのなかで、資源エネルギーの消費や温室効果ガス、建設廃棄物の排出といった環境負荷が発生します。これはすなわち、建設業界の多くの会社が、本業を通じＳＤＧｓに貢献できる可能性が高いことを意味しているのです。

ＳＤＧｓでは、「２０３０年までにあらゆる形態の貧困に終止符を打ち、不平等と戦い、環境を守り、気候変動に対処しつつ、誰一人取り残さないための世界的な取り組みを進める」という指針が掲げられています。

分かりやすいところでは、ゴール11「住み続けられるまちづくりを」はまさに建設業が主軸となって行うべきものです。またそれ以外でも、ゴール12「つくる責任 つかう責任」では「リユースやリサイクルなどを通じて、廃棄物の発生および量を減らす」という具体的な目標が挙げられていますが、大量の産業廃棄物が出る建設現場だからこそ、リユースやリサイクルの仕組みを考案できればそれが大きなインパクトとなります。ほかにも、エネルギー問題や気候変動への対策など、企業活動のなかで取り組むべき課題がいくつも含まれています。別の言い方をするなら、今後の世界のあり方を示すSDGsにおいて、建設業として関われる領域が無数にあるということです。

再生可能エネルギー事業に眠る大いなる可能性

これからの社会では、むしろSDGsにあるような持続可能性を意識した事業を行わなければ、企業活動が大きく制限される可能性があります。ですから企業の大小にかかわらず、融資が必要なあらゆる企業の経営者は、地球環境や持続可能性への配慮と無関係ではいられなくなります。そして、建設業者にとって取り組みやすいうえに地方ならではのメリットを活かせるのが、再生可能エネルギー事業なのです。再生可能エネルギー事業を行うなら都会よりも地方が適しています。土地などにかかるコストが抑えられることに加え、例えばバイオマスの原料となる木材チップが手に入りやすかったり、水力や地熱といった自然エネルギーが身近にあったりして、最終的な利益が出しやすくなります。

中小建設業者のあり方は時代とともに変化してきました。変化に耐え、成長していくためには、複数の軸足を置いて事業の安定を図っていくことが大切です。もし今、経営の見通しが悪い状態であるなら、公共事業に依存するのではなく既存事業の周辺領域からＳＤＧｓに配慮した新たな事業の可能性を見つけ出し、軸足を増やしていくことが生き残りの道となるのです。

さらにＳＤＧｓや再生可能エネルギーの活用に取り組むことが人材採用においても有利に働くという側面があります。世の中が地球環境へ配慮しようと動いていくなかで、自分も何らかの形で貢献したいと考える人は多くいて、そういう思いが職場選びの際にも働きます。

私の会社では、日本の防災と水問題、そして復興を通じて永続的な暮らしの実現を目指してさまざまな事業を展開しています。そのどれもが東日本大震災をきっかけとして動き出したもので、地域に耳を傾け、１歩ずつ足で課題を探す私たちならではの事業であると自負しています。

例えば、再生可能エネルギー固定価格買取制度（ＦＩＴ）を活用した富山県朝日町笹川地区小水力発電プロジェクト、仙台市防災集団移転跡地を活用した１万坪の温浴複合施設の計画、遊休地を活用した再生可能エネルギー事業など、環境負荷低減を通じた社会貢献を意識したうえで社会的な役割を果たすことを目指しています。それらの再生可能エネルギー事業を展開していることに惹かれて入社してくる新入社員が毎年必ず出ています。人手不足の建設業界において、再生可能エネルギー事業は自社に興味をもってもらうためのきっかけとしても機能するのです。

第3章

何もかもを奪い去った東日本大震災
変わり果てた仙台の地で
復旧・復興を先導

大震災は、いずれ必ずやって来る

内閣府の発表によると、近い将来に発生する可能性が高いと指摘されている大規模地震として、南海トラフ地震、首都直下地震が挙げられています。関東北部から九州までの幅広い範囲で強い揺れが生じ、高い津波が発生するとされる南海トラフ地震と、首都中枢機能を破壊する恐れがある首都直下地震は、今後30年以内に70％の確率で発生すると予想されています。死者・行方不明者の数は南海トラフ巨大地震では約32万人、首都直下地震では約2・3万人、被害総額は南海トラフ地震が200兆円、首都直下地震が100兆円以上と想定されており、過去におよそ経験したことのない甚大なダメージを受ける可能性があるといわれています。ちなみに東日本大震災は被害額が約30兆円で12年経った今でも完全に復興しているとは言い難い状態です。そのため、南海トラフ地震が発生した場合にはかなりの人員を割いて早期復興を推進していく必要があります。

そのような大地震が起きた際、いち早く現場に駆け付け、障害物の排除や道路の復旧を行うのが建設業者の重要な使命です。また、災害後のインフラの復旧作業も、建設業者が主導で行います。こうした自らの役割を頭では理解していても、常日頃から意識して非常時に備えている建設会社は、あまり多くないのではないかと思います。

しかし平時にこそ、いざ震災が起きた際に自社がどのように動くか、そして地域や行政とどう連携するかを確認しておくべきです。そうしなければ、実際に地震が来たり、津波に襲われたりした際に、パニックが起きて建設業者は最適な行動を取ることができず、人命救助や復興に支障が出る恐れがあるからです。

私は東日本大震災での経験を通じ、日頃の備えや訓練がいかに重要であるかを思い知らされました。被災後には、毎年、仙台市および地域の建設業者と連携して仙台市役所と訓練を行い、静岡県浜松市の建設業協会と災害時応援協定を結ぶなどして、次に来る大地震に最大限の備えをしてきたつもりです。

東日本大震災で何を経験したのか、被災現場の最前線では何が起きていたか、そして仙台の建設業者はどう大災害と戦ったのかといった記録を残すことは、今後必ず来るであろう大地震のために、少しでも備えになると思っています。

テレビ画面の中に見た、この世の地獄

2011年3月11日、14時46分――。

出張先の東京で地下鉄大江戸線が門前仲町の駅に到着した瞬間のことでした。地面が強く揺れ、私は大きくバランスを崩しました。電車の扉は開いたまま、車両が誰かに押されているかのようにゆさゆさと動いています。

そこは地上から20メートル近くも深い場所です。地下トンネルの工事に携わった経験から、そんな地下にいるのにかなりの揺れを感じたのが何を意味するか、私は瞬時に理解し、改札口へと急ぎました。階段を駆け上がって地上に出て、目の前にあったパチンコ店に飛び込んで、テレビを探しました。

店内の中ほどの壁際にかかっていたテレビでは、「緊急地震速報、宮城県沖で震度7」の速報が流れており、私は衝撃を受けました。その後すぐ、画面はニューススタジオに切り替わり、地震の報道が始まりました。アナウンサーが津波への警戒と避難勧告を繰り返すなか、私は宮城県が大地震に襲われたのだと知り、即座にパチンコ店を飛び出しました。

そこで東京から仙台にいる妻に電話をしようとしましたが、基地局の機能がパンクしており、「しばらくお待ちください」の表示のまま画面が切り替わらず一向にかかる気配がありません。急いでタクシーを拾おうとしましたが、捕まらず、晴海方向に歩き始めたところ、妻より電話がありました。

「もしもし、大丈夫か！　けがはないか！」

思わず大声で聞くと、妻は慌てふためいた声で答えました。

「私は大丈夫だけど、いろいろなものが倒れて来て家中が壊れちゃった。子どもたちが心配だから、これから迎えに行くつもり。あなたは大丈夫？」

「ああ、こっちは問題ない。なんとしてでも帰るから、子どもたちを頼む」

そう言って電話を切ると、たまたま目の前にいたタクシーを停めました。

「宮城県の、仙台まで行ってくれませんか」

私がそう言うと、運転手はすぐに首を横に振りました。

「お客さん、それは勘弁してください。無線によると、北に行く道が閉鎖されていて通れないという話ですから、行きたくても行けないんですよ」

その後も押し問答を続けましたが、何度頼んでもだめでした。

とりあえずホテルに戻り、すぐに部屋のテレビをつけると、見慣れた仙台空港がパッと映りました。初めのうちこそ普段と変わらない姿でしたが、次の瞬間には津波とともに右からセスナ機や大量の車が押し流されてきました。

もしかしてあの車には、人が乗っているんじゃないか……。

そんな恐ろしい想像をした瞬間に画面が切り替わり、今度は仙台市と隣接する名取市の海沿いの様子をカメラがとらえました。普段はのどかな田園風景が広がっているはずの名取の田んぼには真っ黒な津波が押し寄せ、各所から火や煙が上がっていました。そして、画面に点々と映っていた車を、瞬く間にのみ込んだのです。

そこに映し出されていたのは、この世の地獄でした。目の前の映像が現実に起きていることだとはとても信じられません。あまりに恐ろしく凄惨で、気がつかぬ間に涙が流れていました。ただ家族と会社が心配で、どうやって仙台に帰るか、そればかりを考えていました。

福島に向かう道中で起きた、原子力発電所の爆発

なんとか夕方には会社との連絡が取れ、社員の無事を確認することができました。電話を取った社員の声は思ったよりも落ちついており、仙台の状態を教えてくれました。

「社長、ひどい地震で、家具がみんな倒れています。今、一人ひとりに連絡を入れているんですが、なかなか電話がつながりません。こっちは停電してテレビもつかないんです」

震災発生直後からの停電と混乱から、仙台市民の多くは津波が来ていることを知りませんでした。私は社員に「なんとしても帰るから、とにかく現場を頼むぞ」と伝え、電話を切りましたが、電車は止まり、道は寸断され、交通網が完全にマヒしているなかでどうやって仙台に向かえばいいか、皆目見当がつきません。道路は多くの人で溢れか

えっており、車は渋滞し、ほとんど動いていません。私には、とにかく人々の無事を祈ることしかできませんでした。

しばらくして宮城県にある東北建設業協会連合会の大槻専務理事から連絡がありました。

「東京と上野の間の新幹線の中で足止めされていたのですが、ようやく動くことができたので、災害優先電話のある国会議員の事務所に向かいます」とのことで、私も向かおうとしましたが、帰宅ラッシュのため歩道が人で埋め尽くされていました。この状況ではたどり着くことができないと思い、翌朝の地下鉄の始発を待つことにしました。ホテルに戻り、最新情報を知るためテレビはつけっぱなしにしておきましたが、夜中になって映し出された気仙沼湾は、至るところで炎が上がり、真っ赤に燃えていました。まるで戦場のようなその光景を、私は呆然と眺めるしかなく、到底眠ることなどできませんでした。携帯電話をかけようとしてもまったくつながらず、私はただテレビを見て、部屋をうろうろしながら震災当日の夜を過ごしました。

翌朝、国会議員の事務所で電話を借りると、同じように東京に出て来ていた東北建設業青年会の菊池会長と電話がつながりました。安否を確認すると、今から福島に戻るところとのことでした。「仙台まで車に乗せてくれないか」と相談すると、快く承諾してくれました。私は地獄で仏に会ったような気持ちで、すぐに準備を始めました。

結局、菊池会長と合流できたのは正午頃であり、私たちはその足でスーパーマーケットに向かいました。物流の寸断された被災地で食料や水が不足するというのは容易に想像がつきましたから、とにかく自分たちが持てる分だけ買って行こうと考えたのです。しかし食料は何も残っていませんでした。仕方がないので、代わりにカセットコンロとガスボンベを買い込んで東京を出発しました。道は当然ながら渋滞していましたが、それでも都心部を抜けると次第に車が動くようになりました。

そして3月12日15時36分、津波による被害を受けた福島第一原子力発電所において、原子炉の水位が低下、発生した水素が爆発し、建屋が大きく破損したのです。私は車のテレビを見ていたのですが、今まさに近づこうとしている原子力発電所が爆発したとの報に戦慄が走りました。

「放射能が出るかもしれません。どうしましょう」

菊池会長の問いに対し、即答しました。
「私はなんとしてでも仙台に行きたい。どうにか仙台まで連れていってくれないか」

仙台港のガスコンビナートに迫る火の手

栃木県に入ると、停電により信号機がつかず、道路は大渋滞していました。原子力発電所では、より大規模な爆発がいつ起きてもおかしくない状況であり、ほとんど動かない車の中にとどまっているのはかなりの恐怖がありました。それでも家族や社員の元へたどり着きたい一心で、私たちは少しずつ仙台へと近づいていきました。

結局、仙台に入ったのは3月13日の朝5時30分、東京を出てから実に17時間半が経過していました。家に帰り、妻と子どもたちの無事を確認して一息ついたところで、頭がくらりとしました。極度の緊張と睡眠不足により、疲労が限界に達していたようです。

私は布団に入り、2時間ほど仮眠を取りました。

妻に起こしてもらい、もうろうとしながら家の中を見て回ると、至るところにものが落ちた形跡があり、壁は歪んでいました。唯一、幸運だったのは、たまたまうちの地区の水道管を耐震管に入れ替えたばかりで、水が問題なく使えたことでした。

ただ、近所のマンションの9階に住んでいた父母のところでは、水が出なくなりました。エレベーターが動かないなか、高齢の2人がその足で何度も下まで降り、水を運ぶのはおよそ不可能です。子どもたちが父母の元に水を持っていきましたが、9階まで何度も往復するのは本当につらく骨が折れました。都心部の高層マンションに住む人々は、自らの命を守るため、最低1週間分の水や非常食は確保しておくべきだと、このとき強く思いました。

その日から、協会の災害対策本部と会社を行き来する日々が始まりました。仙台の建設業者の多くが加入している仙台建設業協会でもいち早く災害対策本部を立ち上げ、そこにも行政からの要請が矢継ぎ早に飛んで来ていました。私は基本的に協会の災害対策本部に出勤し、仙台市やその他の自治体との打ち合わせに追われていました。それから夜になって会社に顔を出すと、社員たちは休む間もなくあわただしく動いていました。

若林区道路隊

行政と災害協定を結んでいるため、市役所から出動要請がどんどん入って来ていたのです。停電で電話は利用できず、携帯電話も極めてつながりにくい状況でしたので、私たちは直接、役所に相談へ行っていました。

　初動の段階で最も多かったのは、人命救助の妨げとなるがれきの撤去や、寸断された道路の応急処置の依頼でした。例えばその日の夜に消防署から受けた要請は、仙台港のコンビナート火災でのがれき除去です。そしてその火が、ガス局のガスタンクに近づいており、もし引火すれば今後何年もガスが使えなくなるほどの被害が出ます。それを防ぐためなんとかして消火しなければならないのに、がれきが邪魔で現場まで行けないということでした。

さらにコンビナート火災で発生した黒い煙には有毒ガスが含まれていたことが判明したため、防毒マスクを所持していない私たちの手に余ると判断し、自衛隊に出動要請をすることとなりました。

ほかに要請のあった現場にも協会員たちが続々と向かって行きました。彼らも皆被災者であり、大変な状況であったにもかかわらず、自ら手を挙げて現場に向かって行くその姿に、私は深い感謝と敬意を抱きました。当時は余震が続き、マグニチュード５以上の揺れが何度も起きました。地震警報は鳴りっぱなし、しかもいつまた津波に襲われるか分からないという状況で、被害が甚大であった湾岸部へと向かうというのは、まさに命を懸けなければできないことです。

そうして自分の身を投げ出してまで地域のために動けるのは、それぞれの胸に、地域の守り手としての矜持、そして自分がやらねば誰がやるのかという強い使命感があったからこそであると、今では思います。

がれき撤去や道路の応急処置に加えて要請を受けたのが、一級建築士と応急危険度判定士の資格をもった人の派遣でした。震災で家にいられなくなった人々の避難先となるのは、主に学校の体育館や市民センターといった公共の建物ですが、果たしてそこが地震でどれほど損傷しているか、素人では分かりません。避難した先が余震で崩壊するようなことは当然あってはなりません。ですから避難所の確保に当たっては、事前に建物の専門家である一級建築士にリスクを判断してもらう必要があるのです。

市民はすでに避難所に入っている状態でしたが、結局、確認作業は3日ほどかかりました。ただ、問題のある箇所はなかったため、無事に市民の安全が確保できました。

人命救出の妨げとなるがれきを撤去せよ

震災直後は、行政から各建設会社に要請が入って出動するという形でしたが、広域の災害復旧に対応する必要がありました。

私は協会の副会長で土木を担当していましたから、がれき撤去の責任者になりました。

会社は社員に任せ、本部に出向いてその対応に当たりました。さまざまな調整を行うとともに、特にがれき撤去に関わる要請を取りまとめ、会員に対し指示を出す必要がありました。会員たちには、現状でどのような重機と、何人の人員を出せるかを聞いたうえで、どうすればそのリソースをフル活用できるかを考えながら役割を割り振っていくことになります。

私の会社として行ったのが、津波被災地区に入る自衛隊や警察、消防が、行方不明者を捜索するうえでの妨げとなっているがれきの撤去でした。災害で発生するがれきは、壊れた建築物のコンクリートや金属、倒木といった災害廃棄物と、津波によってもたらされた泥や土砂などの津波堆積物に大きく分類されます。

災害廃棄物で最もやっかいなものの一つが自動車です。東日本大震災では、宮城県で14万５０００台もの車が水没するなどして廃車となりました。なお、車のなかでも注意が必要なのがハイブリッド車や電気自動車で、高電圧の蓄電池が搭載されているため取り扱いを誤れば感電や火災の恐れがありかなり危険です。急ぎの場合であっても、現場での対応は自動車解体の専門家に任せる必要があります。

「俺たちの命をなんだと思ってるんだ！」

工事のために何度も訪れた荒浜地区が、まったく別の場所になっていました。田んぼはほぼ海水で覆われ、まるで湖のようです。あたり一面、見渡す限りがれきで埋め尽くされています。風光明媚とうたわれた仙台平野の松林は津波によって流されていました。また海岸に密集していた松林は半数が倒木したことで、まるでバーコードのように見える状態となっていました。そして家が立ち並んでいたはずの場所は、ただぽっかりとした空間となっていました。その光景を見ているうちに、涙が出てきました。荒浜地区に住んでいた人々のいったい何人が逃げられたのか、考えるだけで胸が痛くなりました。

最初に行ったのは、とにかく海側に向けて道を造る啓開作業（最低限のがれき処理によって道を開き、救助ルートを確保する作業）でした。がれきの下に生存者がいるかもしれないため、平時の何倍も慎重に作業せねばなりません。この段階のがれき撤去が、仙台建設業協会のメンバーにとって最も過酷な作業でした。重機で慎重にがれきを持ち上げていくと、人の手や足が泥の中から突き出していることがあり、時にはがれきの間に上半身や首だけが挟まっていることもありました。そうして水に浸かり破損の激しい遺体がどんどん掘り起こされていく光景は、まさに地獄絵図でした。遺体が出たときの作業者の精神的なショックはかなり大きく、皆涙を流し、それでも重機を操作し続けたのです。休み休み作業をしなければとても正気を保てない過酷な作業で、３日ごとに作業者を交代しながらがれきを撤去していきました。

作業中にも余震は止まらず、しょっちゅう揺れが来ました。いつまた大地震が来て津波に襲われるか分からないという恐怖も、作業員の心をむしばむものでした。

ある日のこと、昼間に津波警報が出ました。現場にいる作業員は当然、すぐに逃げるべきですが、そうはしませんでした。これは使命感からの話ではなく、単純に津波警報が出ているのを知らなかったからです。作業中は重機が激しく揺れるため、余震があってもほぼ分かりません。そのため無線での連絡手段をもつ警察や消防が頼みの綱でしたが、道を切り拓く私たちよりもだいぶ後方で捜索作業を行っていることがほとんどでした。そして津波警報が出た時間、作業を終えた社員がふと後ろに目をやると、警察や消防の姿がきれいさっぱり消えていたといいます。無線で先に津波の情報をつかんだため、いち早く現場から退去したのです。

今考えれば、警察や消防は上意下達の組織ですからそうしたマニュアルがあれば従うしかなかったでしょうし、次々と出てくる遺体の山と彼らもまた向き合っていましたから、恐怖心も強かったのだと思います。そんななか、津波が来るであろう海側へと走り、建設業者に警報を知らせるような余裕などとてもなかったのだろうと理解もできます。

もちろん私も津波警報が出ていることを知り、すぐ現場に連絡をしましたが、沿岸部の基地局がうまく機能しなかったようで、電話はつながりませんでした。30分後に誤報だと分かったことにはほっと胸をなでおろしましたが、当然ながら現場の作業員は激怒しており、事の顛末を聞いた私も腹の虫が治まらず、すぐに仙台市役所へと怒鳴り込みました。

「俺たちの命を、いったいなんだと思ってるんだ！」

そのあとから私は、協会のメンバーには常に警察や消防の動向を観察しておくように伝えました。すると、無線を持った仙台市役所の職員が逃げる方向に車を用意し、ついてくれるようになりました。

独自の「仙台方式」でがれきをスピーディに処理

私は毎日、仙台市役所と建設業協会の災害対策本部を往復していました。特に本部はしばらく24時間体制で依頼を受けていたため、そこで過ごす時間も多くなりました。

本部では当初、仙台市の若林区と宮城野区それぞれの道路課、公園課から依頼を受けていました。しかし、のちにがれき撤去は環境局、農地は経済局が管轄するようになり、結果として６つの所管課とやり取りをしなければならなくなりました。行政も、未曽有の事態を前に混乱しており、届いた指令がすぐにキャンセルになるようなこともよくありました。また、縦割り行政の弊害として、各自の情報が共有されておらず、結果として要望が重複したり、指示が矛盾したりするケースが目立ち、災害対策本部はそれに振り回される一方でした。

そこで私は、せめてがれき撤去に関することだけでも窓口を一本化してほしいと環境局の萱場局長に直訴しました。局長もまた改善の必要性を感じていたと言い、すぐに行政内の調整に動いてくれ、3月末頃にはすべての部署の要請を環境局が取りまとめたうえで災害対策本部へと連絡するというスキームが整いました。そこからすべてがスムーズになり、がれき撤去のペースも一気に上がった印象があります。このことから私は、町が大きくなればなるほど情報は錯綜するので、普段からワンストップで対応できるような訓練をしていたほうがよいと強く感じています。それぞれがばらばらで動いていてはただ混乱が大きくなるだけです。

なお、がれきなどの処理については、仙台建設業協会と宮城県解体工事業協同組合、そして宮城県産業資源循環協会仙台支部で連携し、体制を整えました。

それに基づきながら、仙台ならではの手法や日々のがれき撤去で培われたノウハウなどを独自にアレンジしてできたのが、「仙台方式」と呼ばれるがれき処理のスキームです。仙台方式の特徴としては、まず地元の民間業者の手により復旧作業を実施したことです。破壊された地域経済の再生には、復旧作業で得られる収入をできる限り地元で確保するというのが不可欠でした。

さらにがれき撤去の現場で、がれきを可燃物、不燃物、そして資源物に粗分類し、その後、がれき搬入場で19品目に分類することでリサイクルを徹底します。それらの処理を仙台市内ですべて完了させたというのも、がれき処理の効率向上に大きく貢献しました。例えば、田んぼの表土を5㎝剥ぎ取って細かいがれきを除去した泥に改良剤を入れ、盛土材として使用することで、がれきの84％をリサイクルすることができ、残りの16％のみ焼却処理を行いました。

このようにできる限り資源として使用し焼却処理を減らす方式は「仙台方式」と呼ばれるようになりました。同様な災害があった場合はこの仙台方式が見本として取り入れられるよう今後も推進していきたいと考えています。

そして官民の緊密な連携と明確な役割分担も、復興のスピードを上げるための重要なポイントといえます。特に役割分担については、仙台建設業協会などにおいて次の9つの作業部隊が設けられ、緊急対応や復旧に当たりました。併せて記しているのは主な活動時期です。

①人命隊……行方不明者捜索に係るがれき類の撤去（２０１１年３月～７月）
②濡れごみ隊……浸水地域の家財類の撤去（２０１１年３月～７月）
③道路隊……道路啓開後のがれき類の撤去（２０１１年４月～６月）
④車両隊……被災車両の撤去（２０１１年４月～２０１２年１月）
⑤がれき隊……流出家屋等の撤去（２０１１年４月～８月）
⑥解体隊……損壊家屋の解体・撤去（２０１１年６月～２０１４年２月）
⑦山ごみ隊……損傷したブロック塀の撤去（２０１１年９月～２０１２年５月）
⑧搬入場隊……がれき類の分別場所の造成（２０１１年３月～２０１４年３月）
⑨農地隊……農地内のがれき類の撤去（２０１１年７月～２０１２年３月）

人命救助をするために、まずは啓開作業を行い、それから道路脇のがれきを撤去したのち、壊れた家屋のがれきや、田んぼに流れ着いたがれきの処理、それと並行して津波の被害はないものの、半壊した家屋の撤去も行っていきました。

また、家屋と農地のがれき撤去などは協会に加入している建設業者のなかで10社前後

宅地がれき隊　第３班　荒浜地区

を1班とし、分担して作業に当たりました。班長は現場で各社を統括し、朝夕必ず仙台市と打ち合わせを行い、改善を重ねていきました。それと同時に現場で展開している自衛隊や消防、警察とも調整を行う役割を担います。また、仙台市から寄せられる要望に対しても、現場の窓口としてできる限り対応しなければなりませんでした。

そして田んぼの中には大量の海水が溜まっており、早急に対処する必要がありました。その海水を早く抜く作業を行わなければ、海水が下へと浸透していき、今後の農作物の収穫量に影響が出てしまいます。このように塩分を含んでしまった場合、真水を入れてかき混ぜ、排水する工程を繰り返し、塩分濃度を下げる除塩作業を行わなければなりませんが、この工程も建設会社で請け負うこととなりました。排水作業が長時間行えなかった田んぼは復活するまでにたいへん時間がかかりました。

さらに家屋の解体現場には、重機の入れる場所と入れない場所があり、業務工数に大きな差があります。不公平にならぬよう各社にバランス良く現場を任せるのに心を砕きましたが、それでも誰一人、文句を言うことなく黙々と現場へ向かっていくさまに頭が下がる思いでした。

一方の仙台港は想像以上に惨憺《さんたん》たる状況で、がれきのある場所までたどり着く前から至るところが水没し、ほうぼうで黒い煙が上がり、嗅いだことのない嫌な臭いがしたそうです。また港の倉庫のがれきの撤去をしていると、バックホーの爪が誤って黒い箱に刺さり、中から液体が飛び出してきました。近くにいた作業員の頬に付着し、ただれてしまったため慌てて確認すると、どうやら希硫酸の入った箱だったようです。ほかにも倉庫内で管理されていた洗剤や漂白剤が流れ出して化学反応を起こし、硫化水素が発生したこともありました。そういった場合には、保護メガネなどの防具も必要となるため、工場区域のがれきの撤去をする場合は細心の注意を払わなければなりませんでした。

がれきの処理に関していうと、まず求められるのは回収したがれきを分別する場所、すなわちがれき搬入場です。仙台市は地震と津波により発生した震災廃棄物の発生量を4年分のごみの量に当たる約１３５万トン、津波堆積物を約１３０万トンと推計しており、それに基づいて東部海岸に位置する蒲生、荒浜、井土の３地区に計約１０３ヘクタールのがれき搬入場を造成することになりました。

ただし、分別場にごみを捨てる際に、５メートル以上の高さまで積み上げてしまうと有機物が発酵し、真夏の日差しによって中から自然発火してしまいます。仙台では場所が確保できたこともあり、高さ制限を行っていましたが、三陸地方はリアス式海岸ということもあり、猫の額のような狭い場所に20メートル以上のごみが積み上げられ、至るところで火災が発生しました。消火のためには、すべてのごみを広げ、火の元となっている箇所の燃焼を停止しなければなりません。このような災害時の教訓を今後活かしていくことがなにより重要です。

がれき搬入場の構内の道路幅は当初8メートルの計画でしたが、着工時の協議で建設業者側が12メートルに変更するよう要望し、採択されました。8メートルでもすれ違うことは可能なのですが、全長7メートルのダンプトラックが路上で荷下ろし作業を行うとほかの車両が通れず渋滞が発生します。12メートルにすることで一度に多数の運搬車両が構内で荷下ろしできるという判断からでした。こうした細かな工夫の積み重ねにより、がれき撤去作業はどんどん効率化し、予定よりも速いスピードで進行していきました。

とはいえ時に予想外の事態も起きるものです。津波によって田んぼに家屋の2階部分が流れて来ました。72時間以内で人が助かる確率も高かったため、屋根を破っているとその家の所有者が来て、俺の家に手を出すなと言われてしまいました。財産権があるため、所有者の意見に従わないわけにはいきません。今回は幸いにも中に人がいませんでしたが、福島でも同じ状況があり、実際に人がいたこともあるようです。

長年住んできた家が撤去されようとするのをなんとかしたい気持ちは分かりますが、人命救助や迅速な復旧のためには、緊急性の高い道路を塞いでいる障害物はできる限り速やかに撤去しなければ、その後の作業が進みません。住民とのトラブルを未然に防ぐため、緊急時に限る個人敷地内への立ち入りや、個人資産であっても状況によって解体撤去を可能とするなどの法整備が求められると感じます。

困難を極めた、食料や燃料の確保

震災当時、仙台市内は混乱の極みで、どこにどんな物資が不足しているかまったく分からない状況でした。1回の買い物に5時間以上も掛かるうえに1人につき5品目までしか購入ができず、頭数として子どもたちを連れてスーパーに行くこともありました。

　また建設業者も被災者であり、食料や水が足りないという問題に直面していました。特に震災直後から災害復旧に従事していた作業者は、スーパーや給水所に行列ができていたときも最前線で作業をしていたため、それに並ぶことができません。連日、ハードな復旧作業に当たる建設業者にとって、そのエネルギーとなる食料の入手は大きな課題でした。

協会員のなかで買い出し班を組織して、県外に車を飛ばして食料を確保したり、自治体の非常食を分けてもらったりしながら、なんとかしのいでいました。しばらく経って全国から支援物資が届き始め、ようやく一息つけました。ちなみに市内の生活インフラ（津波で水没した地域などを除く）でいうと、電気が戻ったのは震災から3～4日後、水道が1週間、ガスは1カ月かかりました。

復旧作業を進めるに当たり最も大変だったのが、燃料の確保です。ガソリンは慢性的に不足し、市民の多くが車を使えない状況が1カ月以上も続きました。ガソリンスタンドには連日大行列ができていましたが、いつ営業が再開するか分からない状態でした。

そんな背景から、津波で流され放置された車からガソリンを抜き取る人々が現れました。なお被災地には建設業者の重機が停まっており、これら重機の燃料も狙われてしまいました。夜間のうちに軽油を抜き取られる事態を防ぐため、重機のバケットを給油口の上に重ねることで対策としていたほどです。

なお復興や人命救助に協力する建設業者については、緊急車両扱いということで、優先的にガソリンを入れられたのですが、そうした事情を知らない市民たちからすれば、えこひいきのように思うのも無理はありません。ガソリンスタンドでは必ずといっていいほどトラブルに巻き込まれました。それを避けるために、私たちは朝の4時〜5時といった時間帯に、市役所職員を伴ってガソリンスタンドへと給油に行ったり、自衛隊に分けてもらったりして、どうにか燃料を確保していました。

少し専門的な話になりますが、災害対策本部として不足したのは、復興で活躍する主な重機・バックホーにつけるアタッチメントです。がれきの移動、撤去、分別の際には、通常ついているシャベルだけではなく、アイアンフォークやグラップルといった、がれきをつかめるアタッチメントが求められます。例えば宅地のがれき撤去においては、75%がこれらのアタッチメントを装着しての作業となりました。震災に備えその数をいかに確保するかは、あらかじめ話し合っておく必要があります。

重機が海水に浸かってしまえば、乾かしても漏電して動きません。重機は東北全体で1500台が廃棄されました。会社の財産である重機を守る手立ても、あらかじめ考えておくべきです。

工事がすべて止まり、倒産危機に陥る業者が続出

食料、燃料、機材のほかにもう一つ、不足していたのが資金です。当然のことながら、建設業者にも生活があり、お金が必要です。会社としても、収入がなければ給料を払うことはできません。震災を機に、地域における通常の工事や事務手続きはすべて中止されました。すでに工事が終わり、あとは事務処理をすればお金が振り込まれる段階であっても、そこで止まってしまっていました。私の会社では毎月5億円もの支払いが必要だった一方で、建築や土木関係の収入のほとんどが途絶えました。

地方の建設業者の多くは公共工事を主業としており、仙台市でも構図は変わりません。その収入が断たれてしまえば無収入になる会社がいくつもありました。震災直後から、行政による要請を受けた地元の建設会社のすべてがフル稼働し、一丸となって復旧作業に当たっていましたが、当時はその対価がいつ行政から振り込まれるかがまったく分からずにいました。体力のある会社はまだ、その間の社員たちの給料を肩代わりできまし

たが、零細企業や個人事業主ではそうはいきません。被災者であるにもかかわらず生活費がいつ入ってくるか不明なまま働き続けるというのがいかにつらいか、自分の身に置き換えて考えれば想像がつくかと思います。さらにそれで生活が立ちゆかなくなれば、待っているのは倒産や破産です。その結果、作業の担い手が減ってしまったら、復興など成し遂げられません。それを危惧した私は、仙台建設業協会の副会長という立場で、石井会長とともに仙台の銀行を回りました。

いつ行政からお金が入るか分からない状況で、このままでは倒産する会社が出るのは時間の問題でした。復興が急務の今、お願いだから私たちを潰さないでほしいと頭を下げ続け、融資を求めたのです。

そんな窮状を、銀行も理解してくれました。本来ならある程度の時間をかけて審査し、契約を結んでから融資の実行に至りますが、特例で工事契約書がなくともお金が借りられるように取り計らってくれたのは本当にありがたかったです。もしこの融資がなければ、私を含め資金ショートに陥る会社が山ほどあったはずで、銀行の支えがあったからこそ建設業者が安心して日々の作業に全力投球できたというのは間違いありません。

ちなみに当初のがれき撤去指示書に記載のあった800万円のうち、最初に行政から振り込まれたのは、前払い金の400万円のみで、残りのお金が振り込まれたのは震災から5カ月後の8月のことでした。今後、南海トラフ地震や首都直下地震が発生した場合に、莫大な被害額となることは容易に予想できます。自治体は国からの支援がないと動くことができませんが、現状の補助率は95%が上限となっています。東日本大震災の際はその5%ですら捻出が厳しく、最終的には国の負担となりましたが、補助が確定するまでに時間を要しました。今後も同様のことが起きた際、もちろん国も精いっぱい努力してくれるでしょうが、はっきりいうとそれでは間に合いません。さらなる震災が発生する前に、緊急時の迅速な支援制度を新たに設けるなど、対策を検討すべきです。

東日本大震災が残した教訓と課題

こうして国内観測史上最大規模の地震であった東日本大震災は、東北地方を中心に死者・行方不明者2万2318人（震災関連死は除く）を出し、約40万5000戸もの建築物を全壊または半壊させ、ピーク時には約47万人が避難生活を送るなど、とてつもなく大きな傷跡を日本に残しました。

この未曽有の災害から学ぶべき教訓はいくつもありますが、多くの人の命を奪ったのは地震自体よりも津波であったという点は絶対に忘れてはいけません。地震も確かに怖いものですが、近年は、構造上かなりの地震に耐えられる建築物が増えてきています。これから家を建てる人などは、耐震性を重視すれば、よほどのことがない限り地震で家が潰れることはないはずです。仙台市でも、建物の下敷きになり亡くなった人は一人もいませんでした。しかし津波は、一度押し寄せてしまえばもうどうしようもなく、家も、車も、財産も、すべてを捨てて高台へと避難するしかありません。

ただ、津波は地震のように突発的に発生するものではありません。湾岸部に到着するまで、必ずタイムラグがあります。仙台の湾岸部に津波が到達したのは地震発生からおよそ1時間後であり、逃げる時間はあったはずです。それでも死者が数多く出てしまったのは、大地震があったにもかかわらず津波が来ると本気で信じていなかった人がたくさんいたからだと思います。

東日本大震災以前で、仙台の湾岸部に大津波が押し寄せたという最後の記録は、1611年まで遡ります。もはや津波について、忘れ去られていたといっても過言ではありません。ただ、昔の人は津波についての教訓をしっかり残してくれていることがあります。東北三県では、津波に関する警告を刻んだ津波石碑があちこちで見られます。また、三陸地方には「津波てんでんこ」という言い伝えが残っており、子どもたちは「津波が来たら親子てんでんばらばらになっても構わず高台へ逃げろ」と教わります。

また、津波に対する正しい知識がないというのも避難が遅れる要因となります。津波注意報の発表基準となっている「高さ50センチ程度の津波」がくると聞いて、すぐに避難しなければと慌てる人はあまりいません。50センチといえば膝くらいの高さであり、そのサイズの波が迫って来ても問題ないというイメージをもってしまうためです。確かにビーチに行けばそれくらいの波が立っていることはよくあります。しかし、津波は普段打ち寄せる波とまったく異なる性質をもったものです。

日常の波は、風が吹くことによって海面付近の海水が動いてできますが、津波は海底から海面までの海水全体が動きながら押し寄せるエネルギーの大きな波です。たとえ50センチの高さであっても、その波の中は激流のように渦巻いており、一気に足をもっていかれて立っていることができません。大津波警報レベルの高さ3メートル、6メートルといった津波を前にすれば、木造家屋などひとたまりもなく流されてしまうのはそのためです。

したがって津波警報が出たら、とにかく海岸から離れねばなりません。大震災が発生すると、大規模な停電により大津波警報の情報が入らない可能性も高いです。そこで頼れるのは、昔の人が残した教訓や、正しい知識と自衛の意識です。地震があれば津波は来るものと考え、避難場所を想定しいつでも逃げられる準備をしておくその心掛けこそが、命を救います。

津波があった際の避難場所については、今回の震災によって明らかになった、新たな候補があります。それは、盛り土構造になっている高速道路です。仙台市では、湾岸部を走る仙台東部道路より海側にあった家は、津波で根こそぎ破壊されましたが、その一方で道路の西側はほぼ被害がありませんでした。若林区六郷地区では、多くの住民が高速道路に駆け込み、一命を取り留めました。もしこの道路が防波堤の役割を果たしてくれなかったなら、犠牲者の数は大きく増えたはずです。一般的に高速道路は津波の際の指定避難所になってはいませんが、緊急時には時に命を守る場になるというのは知っておいて損はない知識です。

逆に、避難してはいけない場所としては川沿いが挙げられます。たとえハザードマップ上で比較的安全とされるエリアに含まれていても、川沿いの建物に逃げてはいけません。一刻も早く川から離れるべきです。宮城県石巻市において、北上川の河口から4キロ上流にあった市立大川小学校では、津波により児童74人、教職員10人が犠牲となりました。学校のあった釜谷地区はこれまで津波が到達した記録がなく、ハザードマップ上でも浸水しない場所となっており、さらに北上川には堤防が設けられていたこともあって、近隣住民は大川小学校をいざというときの避難所として認識していました。しかし結果として、津波は川を4キロ遡り、堤防を破壊して学校をのみ込みました。もし学校ではなく、川に背を向けて裏山へと駆け上がったなら尊い命が助かった可能性はあります。こうした悲劇が二度と繰り返されることのないよう、地震発生時にはとにかく川から離れることを伝えていかなければいけません。

地域が一致団結し、支え合う体制をつくっておく

日本という国に住む以上、震災をはじめとした自然災害は避けて通れないものです。もし明日、東京都の中心部に地震が来たらどうなるかというと、内閣府の試算では死者が最大で２・３万人、家屋の全壊や焼失は61万戸、避難者数は３３９万人にのぼります。震災発生直後は約５割の地域で停電して１週間以上不安定な状況が続き、水道も都区内の約５割で断水すると予想されています。

こうした被害もさることながら、被災後にも大きな試練があります。東京都では日々莫大な量の食料が必要ですが、地震によって物流インフラが破壊されれば、それらを運ぶ手段がなくなり、数日ともたないはずです。また、日本の製油所は関東および関西に偏在し、被害を受ければ全国的な燃料不足に陥る恐れもあるため、それらにより日本の

経済は止まり、景気が大きく後退するのは目に見えています。

　震災で受けるダメージをできる限り抑えるためには、地域が一致団結し、協定を結んで相互に支え合う体制をつくっておくべきだと思います。仙台市では、まず仙台建設業協会、宮城県解体工事業協同組合、そして宮城県産業資源循環協会仙台支部の3団体が協定を結んでおり、仙台市からの要請による人命救助、道路啓開、がれき処理、家屋解体などに際し、互いの機材や燃料の融通、情報交換などの相互協力を行います。

　また、震災時には必ず放置される車両の問題をなんとかすべく、仙台市と仙台建設業協会、日本自動車連盟宮城支部が協定を結び、放置車両や立ち往生している車両が発生して緊急車両の通行の妨げになっている場合には、仙台市からの要請により相互協力のもとでルートを確保する取り決めとなっています。具体的には、車両の重量が3トンを超えるものは仙台建設業協会が、それ以下の車両は日本自動車連盟宮城支部が対応し、移動させるわけです。

　そのほかに、仙台では毎年、区役所ごとに防災訓練を行っています。建設業者においても、建物が破壊され、人々の死が迫る凄絶な状況では、身体が思うように動かず、普段できることができなくなる恐れがあるため、いざというときでも変わらず活動できるよう、日頃から訓練をしているのです。なお、役所の人材は3年ごとに入れ替わっていくのが通例なので、民間から主導的に要請を出し、行政サイドの担当者が代わっても途切れることなく訓練を続けていくのが大切です。

ここまでやって初めて初動が迅速化し、被害の拡大をある程度抑えることができます。仙台市については、東日本大震災を機にこのような体制が出来上がり、防災都市として生まれ変わることができました。同様の取り組みが一つでも多くの地域に広まることを願ってやみません。

ある程度離れた地域同士で防災協定を結ぶ

大震災や大津波に襲われると、その地域は壊滅的な被害を受け、食料や燃料、建設資材、そして作業員が不足するのは目に見えています。災害時の人命救助のタイムリミットは72時間といわれており、この間にどれだけ人命救助活動が行えるかが生死を分けますが、いくら備えをしていても、大混乱のなかでの自助努力には限界があります。

そこで求められるのが、ほかの地域との防災協定です。災害大国日本において、大地震は必ず来るものであり、津波もいつかまた襲来するというのは動かしようのない事実です。もし自らの地域が被害にあったなら協定を結んでいる地域に支援してもらう、または逆に相手の地域を支援するというような取り決めのもとで準備をしておくと、いざというときの大きな助けになります。

仙台建設業協会では、静岡県浜松市の浜松建設業協会と「仙台市および浜松市における災害時の相互援助に関する協定」を結んでいます。この協定の大きな特徴は、大規模な地震が発生した際には互いの要請がなくとも自動的に支援が行われるところにあります。停電により連絡が取りづらくなった際にも、いち早く現場に駆け付けるためです。実際の出動と作業については、仙建協側は杜の都建設協同組合、浜松建協側は浜松地区建設事業協同組合の所属会社が行い、現場では、被災地側の建設業協会の指揮のもと、ともに初動対応に当たるのです。

具体的な協力内容として、支援に向かう人員や、持参する食料や資源の量、現地での集合場所から宿泊先まであらかじめ設定されています。特に必要となる燃料やブルーシートなどはできる限り多く積み込むことになっており、道路啓開作業などに備えた緊急通行車両の事前届け出なども盛り込まれています。

そうした協定を結ぶきっかけとなったのは、私と浜松建設業協会の中村嘉宏会長との親交でした。青年部時代から交流の深かったこともあり、復興JVを結ぶ運びとなりました。

大震災を境に、仙台市では行政と建設業者が連携しいち早く災害からの復旧ができるよう体制を整えていますが、それはあくまで現状での話です。宮城県沖ではおおむね35年周期で大規模な地震が発生しており、次の大地震が来る頃には日本の人口は1億人を下回り、建設業者の人数も大幅に減っていると考えられます。その状況ですばやい復旧、復興を成し遂げるためには、地域外の力が不可欠です。

なお、ほかの地域から支援を受けるなら、同県内にある近隣地域のほうが都合が良い場合もあり得ます。確かに距離が近いほうがいち早く現場に駆け付けられますが、広域災害で同時に被害があったならそれは叶いません。仙台市から浜松市までは約600キロの距離があり、車で7時間以上はかかりますが、だからこそ広域災害にあっても同時に被災することがないのです。加えて浜松市は仙台市と同規模の人口をもつ都市であり、支援が不足したり、過多になったりせずに互いを支えられるわけです。

浜松市としても、100~200年周期とされる東南海地震が最後に起こってから70年以上が経過し、地震に対する危機感を強めています。同市は2005年に2市8町1村を合併したことでその面積が1558平方キロメートルへ拡大、日本の市で2番目に広くなり、管理する道路は約8500キロメートルに及ぶようになったのですが、果たしてその広大な地域を地元業者だけで守れるかという不安もあるといいます。ですから、すでに災害時の対応ノウハウをもつ仙台市との協定は、浜松市にとっても有益なものです。こうした建設業同士の協定は日本でも類を見ないものであり、今後必ずやって来る大規模災害に対する新たな備えとして、広まっていくことが期待されます。

建設業者としての矜持が人々を守る

震災時の緊急対応や、復旧、復興という極めて重要な役割を担うのが地域の建設業者であり、それらを成し遂げるうえでの心の支えとなるのが、建設業者としての矜持です。自分たちが地域の守り手であり、人々の生活を支えているという矜持を胸に抱いていると、災害時にも必ずその役割を全うできます。

もちろんそれは簡単なことではありません。時に心が折れそうになるような、つらく厳しい作業が待っています。例えば東日本大震災では、たくさんの人が亡くなったことから葬儀会社が不足し、棺桶の数も足りなくなりました。人口3000人ほどであった旧北上町では414人が亡くなりましたが、葬儀会社もまた被災しており来ることができず、棺桶はおろか、ご遺体を火葬する燃料すらありませんでした。

かといってご遺体をそのまま置いておくわけにはいきません。そこで建設業者が、遺体を安置所に集めたうえで、24時間体制で堤防で復旧作業を行いました。2週間ほど経

石巻市内の仮埋葬作業

っとご遺体が腐敗してくるので、警察や消防隊に対応を要請しましたが、専門外だと断られてしまい、結局自分たちで作業を行わざるを得ない状況となりました。コンパネで414人分の棺桶を作り、それを5キロ離れた山へと運んだあと、1・5メートルの穴を掘って土葬しました。また、のちに遺族の立ち会いのもとでご遺体を掘り起こすのも、建設業者が請け負いました。本来、建設業者が行う必要のない過酷な作業を強いられたため、この業務に関わった作業員たちは全員PTSDとなり、職を離れることとなってしまいました。

沿岸部の水産加工場においては、津波によって停電した結果、冷凍庫が止まりその中にストックしてあった魚介類が腐敗しました。それでとてつもない悪臭と、虫が大量発生したため、海洋投棄することになりました。その作業についても、引き受け手など誰もおらず、地元の協会組織がやらざるを得ませんでした。箱やビニールなどの包装を一つひとつ手作業で外し、分別したうえで中身のみを海に捨て、石巻地区だけでも4万6000トンが海洋投棄されました。

こうした誰もやりたがらないような過酷な仕事が、建設業者に回ってきます。自らも被災者であり、心に傷を負っているなかで、それでもつらい仕事を完遂するうえでの最後の支えとなるのは、建設業者としての矜持しかありません。

また、この世の地獄としか思えないような状況下でも、人々はそこで生きており、支援を受ければ感謝の涙を流します。そうして人の役に立つことはまぎれもない喜びであり、さらなる力の源泉となるものです。

建設業者はその地域の守り手であり、もしいなくなれば住民の安全は脅かされ、生活に大きな支障が出ます。自分たちは地域にとってなくてはならない存在であるという事実を胸に、誇りをもって仕事をしていってほしいのです。

感謝報恩を胸に、私たちができること

私は震災以降「感謝報恩」という言葉を胸に、残りの人生を生きていこうと心に誓っています。地域から講演のオファーが来た際は絶対に断ることなく体験や教訓を伝え続け、その数は230回を超えました。

その際、誰もができる対策として次の3つを伝えています。1つ目は、できるだけ1週間分の食料を確保しておくことです。そして2つ目にはガソリンを常に満タンにしておくことを挙げています。もしガソリンのエンプティマークが点灯している際に災害に襲われてしまったら、当面の間ガソリンが手に入らず身動きが取れなくなるだけでなく、移動手段が途絶えてしまい命に関わる可能性もあります。だからこそ私の会社でも、ガソリンが4分の3になれば必ず給油するようにしています。

そして3つ目に、家族とどこで待ち合わせるかを決めておくことです。東日本大震災の際、仙台でもお互い捜し合ってしまい、長い間家族と再会できない人をたくさん見てきました。これらを教訓として、心に留めてほしいと思います。

また南海トラフ地震や首都直下地震など大規模な地震が発生した場合、おそらく公助は望めなくなります。自治体が必ず助けてくれると思っている人が多くいますが、あまりにも災害の規模が大きい場合には援助にも時間が掛かるため、自分たちの身は自分たち、そして地域で協力し合って守っていく意識をもち、震災に備えていくことがなにより大切です。

第4章

防災集団移転跡地ににぎわいを取り戻す
大型複合施設「アクアイグニス仙台」の
建設・運営で地方創生に挑戦

人も物も何もかもが消え去った津波跡地・藤塚

地域の建設業者が減少することで起きるさまざまな問題や、人材不足など建設業者が抱える課題は多くありますが、実はそれらを根本から解消できる手段が一つだけあります。それは地方創生、すなわち地域に人が集まり、経済が回り、豊かに暮らせるようにすることです。

地方が元気になれば、転入者も増え、新たな建設物の工事もまた増加するはずです。特に今後の人口減少社会において地方で生き残っていくためには、自らの住む地域をより魅力的な場所に変えていくしかありません。

その際、町の開発と関わりの深い仕事である建設業だからこそできることはたくさんあります。従来のように収入のほとんどを公共工事に頼るのではなく、積極的にプロジェクトを発案し、人が集まる場をつくって、その周辺の民間需要も喚起する企業活動へとシフトしていくというのが、これからの地方建設業が生きる道となるのです。

アクアイグニス仙台

そんな私の思いが一つの形となったのが、仙台市にある複合商業施設「アクアイグニス仙台」の開発および運営というプロジェクトでした。建設業者がなぜ商業施設の開発や運営に携わるようになったのかというと、その原点は、東日本大震災で見た、忘れることのできない風景にあります。藤塚地区は、震災時に私の会社が築堤工事を手掛けていた場所であり、私も何度も通った思い入れのある地です。

藤塚という集落の歴史は古く、住民の信仰の中心となっていた五柱神社に、地区の名の由来を見ることができます。はるか昔、五柱の神が藤のいかだに乗ってこの地に流れ着き、そのいかだを中島浜に埋めて塚を築いたところ、それが芽を出して藤が育ったことから、この一帯を藤塚と呼ぶようになったとされます。かつて神社の境内にはその藤の切り株もあったと伝わっています。

藤塚は、日本の原風景ともいえる居久根《いぐね》をもつ集落として知られていました。居久根は、風や雪から家屋を保護する目的で屋敷の周囲に造られる屋敷林の一つで、北関東から東北地方にかけての太平洋側地域で見られ、特に宮城県にはいくつも存在しています。仙台平野に吹く北西の強風から家や田畑を守るため、敷地の外縁部にスギやマツ、ケヤキなどを植えたのですが、これらは時に高さ20メートルにも達する樹木です。さらにそこに集まってくる鳥たちが中低の木々の種子も運んできて、密度がより高まっていました。のどかな田園風景の中に、家々を囲む小さな森がいくつも点在するその光景は本当に美しく、どこか郷愁を感じる心落ちつく景観でした。

そんな藤塚地区は、地震発生の約1時間後に来襲した高さ9・3メートルの巨大津波により、徹底的に破壊されました。居久根の大半は失われ、家屋のほとんどが流失し、多くの人が犠牲となりました。

しばらくして、仙台市は藤塚地区を災害危険区域に指定し、地権者からその土地を買い取りました。そして藤塚は人がそこで暮らすことができない防災集団移転跡地となったのです。過去の美しい藤塚がもはや人々の記憶にしか残らず、いずれ忘れ去られていくという現実に、私も、そしてそこで工事をしていた社員たちも寂しさが募りました。以来、いつか藤塚を再生し、にぎわいを取り戻したいというのが共通の願いとなったのです。そんなとき、一つの縁が思い掛けない方向へと私を導いていくことになります。

地方創生につながる商業施設の建設

私が商業施設の誘致を通して被災地の復興を目指そうと考えるようになった理由の一つに、株式会社アクアイグニス代表の立花哲也さんの存在があります。２００７年、当時立花さんは建設関係の新たな入札「建サク」システムを立ち上げており、知人を通じて紹介を受け、その利用加盟店に名を連ねたのが始まりでした。以来、年に何度か加盟店を集めて行う会議があり、そこで立花さんとも言葉を交わすうち、その人柄に惹かれていきました。発想力、実行力を兼ね備え、なにより情に厚く義理堅い立花さんとは、今でも兄弟のような強い絆で結ばれています。

そんななか、震災に襲われたのですが、発生から3日後の夜に、立花さんから電話をもらいました。立花さんは私たちの安否を尋ねたあと、自分もそっちに行くから必要なものがあれば言ってくれと申し出てくれました。原発がどうなるかまだ分からない時期でしたから、私は相手を気遣って来ないでくれと断ったのですが、どれほど言っても立花さんはかたくなに支援に行くと言って意志を曲げません。最後には私が根負けしてしまいました。

そして震災発生から4日後、立花さんはあちこちからかき集めてきたと思われる大量の食料と燃料を積んだ車とともに、本当に仙台へとやって来ました。当時は、スーパーに5時間も並ばねば食料が手に入らない状態で、朝から晩まで緊急作業に従事していた私たちにはその列に並ぶことすら満足にできず、社員たちの食料が底を突きかけていました。立花さんが来てくれたおかげで、社員たちの食料が確保でき、人命救助支援をはじめとした役割をこなせたのです。

その後も立花さんは、約15メートル級の津波に襲われ甚大な被害のあった宮城県女川町に2000食の食料を持参するなど、6回にわたって炊き出しを行ってくれました。震災から1カ月以上経った4月17日に食べたこの炊き出しが被災後初めて食べる温かいご飯であったという被災者も数多く、涙を流しながら口に運ぶ人もいました。原子力発電所による放射能漏れを恐れて関東から関西方面へと避難する人々がいるなかで、わが身を顧みずに支援に来てくれたその恩を、私はもちろん当時関わった誰もが一生忘れません。

そんな立花さんが震災の1年後から手掛けていたのが、三重県北部の三重郡菰野町で建設が進んでいた複合温泉リゾート施設でした。立花さんはもともと三重県四日市市で建設業を営んでいましたが、その枠に収まることなく果敢に不動産業や商業施設の運営にチャレンジしてきました。彼の姿こそ、地方の建設業が今後生き残る新たなあり方にほかならないと私は感じます。なお、私はそのリゾート施設について計画段階から話を聞き、地方創生につながるすばらしい事業だと思っていました。

実際に2012年10月にオープンしたリゾート施設は連日大盛況で、これまでにない人の流れを生み、年間100万人が訪れる人気施設へと成長したのです。そして地方創生の好事例としてさまざまなメディアに取り上げられ、全国各地で誘致合戦が繰り広げられるようになりました。

そうした様子を間近で見てきた私のなかに、これを被災地に誘致して地域の活性化につなげたいという思いが芽生えるのに、そう時間はかかりませんでした。

いつか仙台に

とはいえ震災からの一刻も早い復旧を使命とする日々のなかで、新たな商業施設の計画まではなかなか手が回らないというのが正直なところでした。立花さんとは会うたびに、いつか仙台に誘致したいという自らの思いを伝えてはいましたが、実際に復旧工事がある程度落ちつきを見せ、行動を起こせたのは2018年の秋でした。10月、主に仙台の経営者を対象とした協同組合エムビーネットワークの異業職交流会「MB倶楽部」

において、立花さんに講演をしてもらったのが、一つのきっかけとなりました。

講演後、酒を酌み交わしながら立花さんと話すなかで、リゾート施設をこの地に誘致するにはどうすればいいか知恵を貸してもらったところ、まずは自治体の協力が欠かせないと言います。震災を機に、ともに生き抜いた戦友である行政との距離は一気に縮まっていましたから、きっと何らかの形で協力してくれるはずです。私はすぐに、立花さんの講演資料を携えて市役所に行き、副市長に相談をもち掛けました。

ただの民間事業であれば、当然ながら行政がそれを支援することはありません。行政機関は、個人の利益のためには絶対に動かないものです。今回の誘致に関しても、あくまで被災地の復興、そして地方創生を目指して行うもので、私個人や会社の利益を追う事業ではないというのが大前提としてありました。公共性が高く、かつ自社だけでは成し得ない規模の新事業だったからこそ、私は副市長に話をもっていったのです。

私が最も協力を求めたのは、土地探しです。誘致に当たっては、まず広大な土地をなんとかしなければなりません。この計画は、完成すれば必ず仙台市に人を呼び込んでくれる、復興のシンボルとなるものだと熱弁して思いを伝え、協力を請いました。

そしてその後、紹介された区画を見て、私は運命を感じました。広げた地図で示されたのは、人が住まなくなった防災集団移転跡地であり、まぎれもなく藤塚の集落があった場所でした。津波によって失われ、自らにとっても思い入れのある藤塚という土地を、再びよみがえらせ、それを被災地復興のシンボルにして、地方創生へとつなげていく――。

私のなかで、すべての点と点が線でつながった瞬間でした。

事業のキーワードは「Reborn」

仙台市が紹介してくれた土地は、仙台市集団移転跡地利活用事業として公募されていたものであり、そのエントリーの締め切りが迫っていました。そこで私は、立花さんと相談しながら急いで事業計画をつくっていきました。

復興への強い思いだけで走り出していましたが、実は私には商業施設を手掛けた経験はなく、立地や広さといった条件がどこまで適しているかが分かりませんでした。そこで立花さんに、実際に藤塚地区を視察してもらい、ここならいけそうだとお墨付きをもらったのです。

新たな事業計画に当たって、私は一つのテーマを決めました。

「Reborn」

失われた地、藤塚に再びにぎわいを取り戻し、藤塚から地方創生の流れを生み出す、そんな思いを込めた言葉です。そのうえで既存の施設を参考に、温泉、農園、そしてレストランを備えた複合商業施設を造るという青写真を描きました。

施設建設の要となる設計については、三重の施設を手掛けた設計事務所を紹介してもらい、その設計案に対して予算を積算し、計画を固めていきました。こうして締め切りぎりぎりになんとか計画を完成させ、申請できたのです。

そこから仙台市による審査を経たあと、2019年4月2日、晴れて事業者に正式決定し、私はひとまず胸をなでおろしたのでした。なお、プロジェクトの本格的な始動に当たり、「Rebornの名を冠した新会社を設立しました。投資額が36億円近くに及ぶ大規模な商業施設を、いきなり私の会社だけで手掛けるのは完全に手に余ります。そこで立花さんに加え、ホテル事業などを手掛けてきた実績をもつ株式会社福田商会の福田大輔さんをブレーンに迎えて、新会社として体制を整え、事業を展開していくことにしたのです。

ちなみに資金については地元の七十七銀行と商工組合中央金庫、仙台銀行、日本政策投資銀行が共同出資して立ち上げた「みやぎ地域価値協創投資事業有限責任組合」から30億円の調達に成功しました。仙台市からも、土地の賃貸料を格安にしてくれたり、固定資産税を割り引いてくれたりといったサポートがあり、プロジェクトの目途が立ったのでした。

なお、プロジェクト始動当初、私はてっきり自分の役割は施設を造り上げるところまでであり、あとは運営のスペシャリストである立花さんがすべてを取り仕切るものだとばかり思っていました。しかし、ある日なんとはなしに立花さんと話していて、「施設を建てたあとはお任せしますね」と口にしたところ、すぐに否定されました。

立花さんの返答は明瞭かつ的確でした。地域再生を掲げているのだから、運営もすべて地域でやるべきだと言うのです。そう強く言われ、私は思わず承諾してしまいました。

その一言により、新たな施設の運営についても私のほうで取り仕切ることになりました。それまで不動産業をはじめいくつもの事業に進出してきていましたが、大型商業施設の運営全般を手掛けた経験などまったくなく、私としても、そして会社としても大きなチャレンジとなりました。

800メートル掘っても出なかった天然温泉

施設の建設に当たり、まず検討せねばならなかったのが、目玉事業の一つである温泉についてでした。新たな複合施設は海の目の前で、仙台平野を吹き渡る風にさらされるため、時期によっては寒くなります。年間を通して人に来てもらうには、温泉施設があったほうがいいと最初から考えていました。

しかし、藤塚地区で温泉が湧くのかについては、まったくの未知数でした。藤塚が昔、指折りの温泉郷であったというならよかったのですが、そんな都合の良い記録は当然ながら存在しません。世界屈指の温泉大国である日本では、場所によるものの1000メートルほど掘れば温泉が出るといわれますが、実はそれには理由があります。

日本において、温泉は温泉法という法律によって「地中からゆう出する温水、鉱水及び水蒸気その他のガス（炭化水素を主成分とする天然ガスを除く）で、温度が25度以上又は指定された物質（成分ともいう）が一定量以上含まれるもの」と定義されています。つまり、地中から湧いて出たときの温度が25度以上か、または25度未満であっても法律の指定する19項目の物質のいずれかが規定量含まれているかすれば、温泉を名乗れるということになります。

そして地中を掘り進めるほど、基本的に温度は上がっていきます。およその目安としては、100メートルごとに3度温度が上昇するとされ、1000メートルならそこにある水は少なくとも25度以上となっていると期待されます。また、実際には25度に達していなかったとしても、1000メートルの深さにまでしみ込んだ地下水には、さまざまな物質が溶け込んでいるもので、温泉の条件を満たしやすいのです。

しかしこれらはあくまで可能性に過ぎず、場所によっては1500メートル掘っても温泉が出なかったケースも存在しています。現在の掘削技術をもってすれば2000メートルでも掘り進めることはできるのですが、問題は費用です。

温泉が出るかどうか、最初からある程度の調査を行えるのですが、その費用だけで600万円ほどかかります。また、ボーリング作業は100メートルにつき1000万円ほどもかかり、1000メートルなら1億円を超える費用が必要となります。

藤塚地区のプロジェクトにおいては、場所はもう限定されていたため、調査をすることなくぶっつけ本番で温泉を掘り始めました。温泉郷の源泉が地表にあるように、運が良ければほとんど掘らずとも温泉に当たる可能性はあるのですが、藤塚地区では800メートルまで掘っても何も出ず、私は次第に焦ってきました。もし1500メートル掘っても温泉に当たらないという事態となれば、いきなりの予算オーバーで事業に暗雲が立ち込めかねません。私はしょっちゅう掘削工事の現場に顔を出しては、まだか、まだかと聞いて回っていました。

最終的に、８５０メートル時点からお湯が出始め１０００メートルほどに達したところで、ついに温泉に当たりました。43度のお湯が毎分１００リットル湧き出し、十分に温泉施設としてやっていけるだけの源泉が見つかったことで、私は心底、安心したのでした。

ちりばめられた藤塚の記憶

温泉とともに事業の柱となるレストラン部門については、立花さんと福田さんの力を借りました。三重の施設に数々の有名店を誘致した立花さんはもちろん、ホテル事業を手掛け、飲食業の経験もある福田さんも心強いパートナーでした。

テナント選びは、商業施設運営の明暗を分ける大きなポイントとなり得るものです。特に交通の便が良いとはいえない地方においては、人を惹きつけ明確な目的地となり得るショップの存在がなければ集客力が著しく低下します。そこで候補に挙がるのはすでに名の通った有名店ですが、私にはそうした飲食業界の人脈などありませんでした。

ただ、ありがたいことに計画段階から関心をもってくれた有名シェフがいました。それは立花さんの紹介で出会った辻口博啓シェフ、奥田政行シェフ、笠原将弘シェフの3人です。しかし、奥田シェフが石巻で「アル・ケッチァーノ」というお店をオープンすることもあり、日高良実シェフを紹介していただきました。

辻口シェフは、クープ・デュ・モンド・ドゥ・ラ・パティスリーなどの洋菓子の世界大会に日本代表として出場し、数々の優勝経験をもつ、日本最高峰のパティシエの一人です。三重の施設がオープンした当初から、東北の復興にかける思いをたびたび聞いてもらっていました。正式に出店のお願いをしたときにも、微力ながら復興に協力し、仙台をスイーツの町にしたいと快諾してくれました。

神戸ポートピアホテルのフランス料理店「アランシャペル」で修業を積み、日本におけるイタリア料理の新境地を築いた日高シェフは、みなと気仙沼大使を務めるなど東北に縁のある人です。兵庫県神戸市の出身で、阪神・淡路大震災の際、海から漁船で駆け付けいちばん初めに支援してくれた気仙沼の人々に恩義を感じ、出店を通じて少しでも東北地方への恩返しができればと、参画を決めてくれたのです。

そして東京・恵比寿の日本料理店の店主であり、数々のメディアに出演して人気となっている笠原シェフも、藤塚の新施設について評価と称賛を送ってくれ、二つ返事でやらせてもらいたいと言ってくれました。普段から三陸の魚をふんだんに使った料理を提供しており、東北との縁を感じていたといいます。

いずれのシェフが監修する店も東北初出店であり、話題性は十分です。ただし彼らの役割はあくまでプロデュースで、本人たちがキッチンに立ち、自ら料理を提供するわけではありません。店の運営には、彼ら一流シェフの厳しい要望に応えられるだけの腕をもった料理人、さらにはそれを支える有能なスタッフの存在が不可欠でした。東京や大阪などの大都市ならともかく、地方ではそうしたハイレベルな人材の数自体が少ないうえ、そのなかでも都合良く勤め先を新たに探しているような人はまれです。

そんなある日のこと、いつものように朝刊を読んでいると、仙台市の老舗レストランが閉店したという記事が目に飛び込んできました。そこは地元ではよく知られた店であり、味はもちろん接客レベルが高いことにも定評がありました。なぜそうした評判の良いレストランが閉店に追い込まれたのかというと、新型コロナウイルスの影響で客足が遠のいたのが原因でした。

私はすぐに、その店のオーナーである社長に電話を入れました。聞けば、多くの従業員の引き受け先はまだ決まっていないと言います。そこで私と福田さんは、有能な料理人やホールの担当者などに声を掛け、最終的には10人、新施設のレストランと運営部門に再就職してもらう運びとなりました。

なお、猛威を振るう新型コロナウイルスは施設の建設自体にも影響を及ぼしました。世界中で工場の稼働が止まり、タイルなどの建築資材が入って来なくなったのです。国産材に切り替えるとすると、コストが倍近くに跳ね上がるうえ、数も不足するのが目に見えており工事の遅延が予測されました。結局工期は2カ月遅れ、内装の一部はオープン前日にやっと完成したほど、綱渡りでの準備となりました。

そうして温泉やレストラン、ショップを仕上げていく際に私がこだわったのは、地元の名前をできる限り多く使うことでした。例えば温泉は「藤塚の湯」と名付けました。

日高シェフ監修のイタリアンレストランの店名は「グリーチネ」ですが、これはイタリア語で藤の花を意味する言葉です。マルシェで扱っているオリジナルの日本酒にも、「藤の雫」というブランド名がついています。藤塚地区で収穫された「ひとめぼれ」という品種の米を使い、それを地元の酒蔵である佐々木酒造店が醸した、限定の日本酒です。なお、「藤の雫」というネーミングは、元藤塚地区の町内会長につけてもらいました。

そのほかにも、敷地内のメイン通路に藤棚を設けたり、藤をイメージしたイルミネーションを設置したりと、至るところに藤がちりばめられています。すべては、藤塚という場所の記憶をなんとか後世に残していきたいという思いからです。もともとこの地に住んでいた人々から、良いものを造ったねと言ってもらうというのも、一つの大きな目標でした。

そのような取り組みが認められ、２０２３年には第29回ニュービジネス大賞の「地域創生大賞」を受賞しました。甚大な被害を受けた仙台の復興の象徴として多方面の問題と向き合ったことが評価され、うれしい限りです。

目指すはエネルギーの地産地消

アクアイグニス仙台の大きな特徴となったのが、再生可能エネルギーを活用する複数のシステムを導入し、エネルギーの地産地消を目指した点です。具体的には、地中熱、温泉から出る下水の熱、ボイラーの排気熱、浴室から出る湯気などの排気熱という４つから熱を回収し、それを蓄熱槽に溜めて施設で再利用するという「地中熱回収システム」を導入することとしました。こうして４つの熱源からエネルギーを回収するのは東北初で、最新の省エネシステムといえると思います。

地中熱については、温泉棟の地下5メートルの深さに１６５０平方メートルにわたりポリエチレン管をスパイラル状に埋め、その管を通じて地熱を回収するスリンキー方式を採用しました。地中熱を利用するメリットとしては、エアコンなどの空気熱源ヒートポンプが使用できない外気温マイナス15度以下の環境でも利用可能であることや、密閉式のため環境汚染のリスクもなく、熱を屋外に排出しないので温暖化の元にもなりづらいこと、稼働時の音も非常に小さいことなどが挙げられます。

　こうして集めた熱に加え、温泉施設から出る排水の熱もまた回収し、それを熱源としたヒートポンプによりさらに温度を高めたあと、約50度のお湯の形で蓄熱槽に溜めていきます。また、地上に出る際30度まで下がっている温泉の湯を40度に温めるために使用しているボイラーの排気熱や、お風呂の湯気などの排気熱についても、余すところなく回収して蓄熱槽などに送ります。そうして溜めた熱は、床暖房や、併設された農業ハウスの加温などに再利用します。

　このような地産地消型の省エネ設備により、二酸化炭素の排出量は同様の熱を化石燃料で生み出そうとする場合に比べ約45％削減でき、年間のエネルギーコストも約3分の2まで減らせると試算しました。燃料が値上がりを続けるばかりの昨今において、常に安定してエネルギーを生み出してくれる省エネシステムの恩恵は特に大きいといえます。

　またこのシステムを導入したことで、宮城県で地球温暖化対策を促進するために始まった「宮城県ストップ温暖化賞」の大賞を２０２２年に受賞しました。

　そして、このシステムとは別に、太陽熱を活用した新たなシステムを独自開発し、そ

アクアイグニス仙台 再生可能エネルギー利用基本システム概要

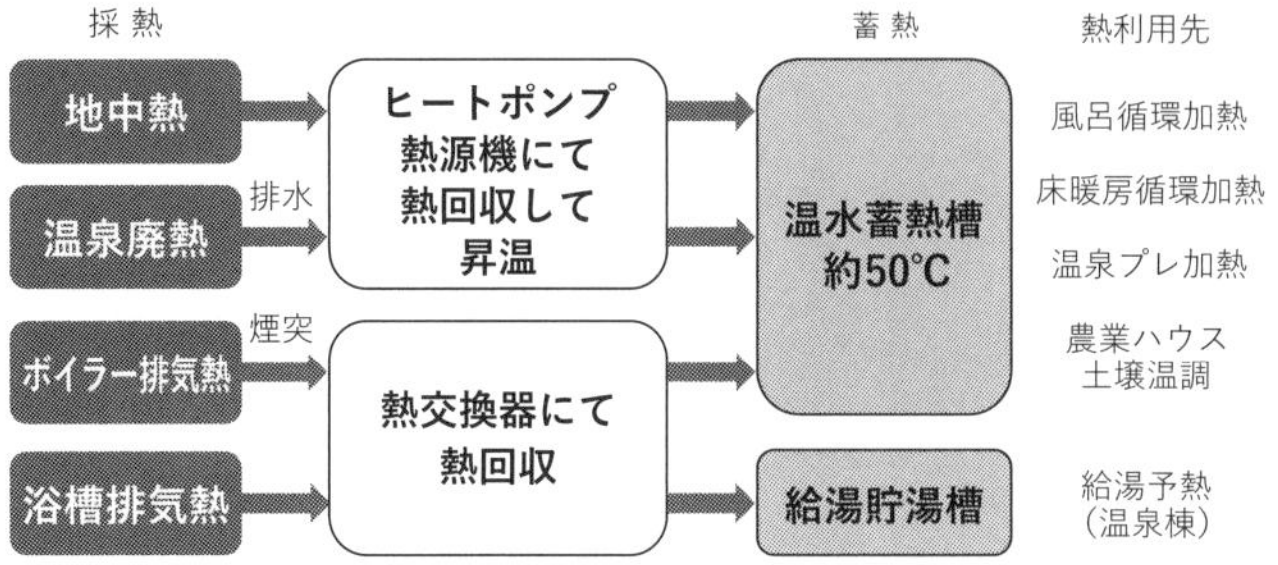

れで得られたエネルギーを使って敷地内で農業を行うという実証実験も行うことになりました。この研究は、東北大学多元物質科学研究所の丸岡先生と共同で実施するもので、世界初の試みといえます。

もともと敷地内に、自然エネルギーを活かして野菜や果実を育てる農業ハウスを造ることは計画しており、エネルギー源として太陽熱に白羽の矢を立てていました。しかし日によって日照の強さや長さが変わるという不安定な自然資源をどのように平準化するかという大きな課題がありました。そこで新たなシステムの構築に乗り出し、丸岡先生が開発し、特許を取得した潜熱蓄熱材に蓄熱した熱を高速かつ安定して放熱できる凝固層剥ぎ取り型潜熱蓄熱システムと、冬場でも効率の良い集熱が可能な真空管

太陽熱・温泉廃熱利用システム系統図

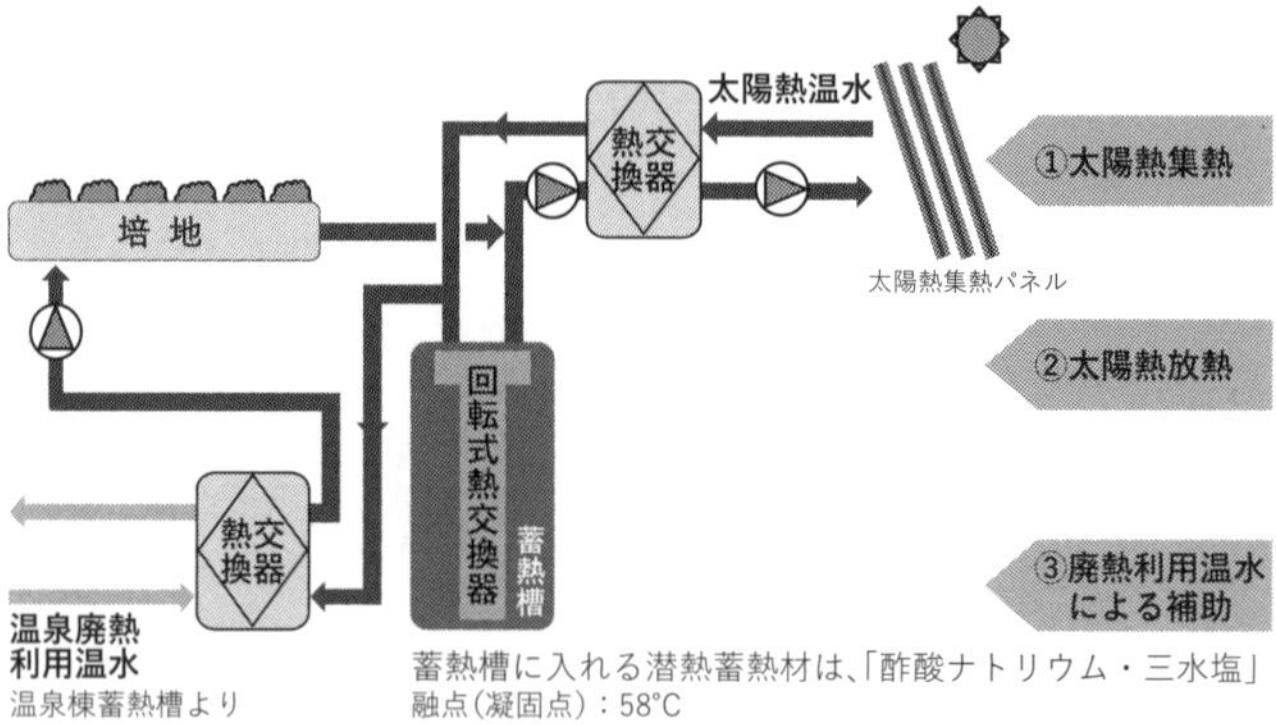

蓄熱槽に入れる潜熱蓄熱材は、「酢酸ナトリウム・三水塩」
融点（凝固点）：58°C

ヒートパイプ式太陽集熱パネルを用いた集熱システムを組み合わせた独自の手法を開発しました。

そうして完成したのが、栽培用自然エネルギー利用熱源システムです。このシステムにより、冬季の夜間など暖房が必要なときには潜熱蓄熱材から熱を取り出し、ハウス内に常時熱を供給することが可能となりました。また、太陽熱が集められなかった際には温泉の廃熱を農業ハウスに回すなどのバックアップも用意し、万全の体制をつくり上げていきました。将来的には、化石燃料を使わずにトマトなどを栽培し、それを施設内のマルシェやレストランで提供していく構想です。

本事業の実施体制

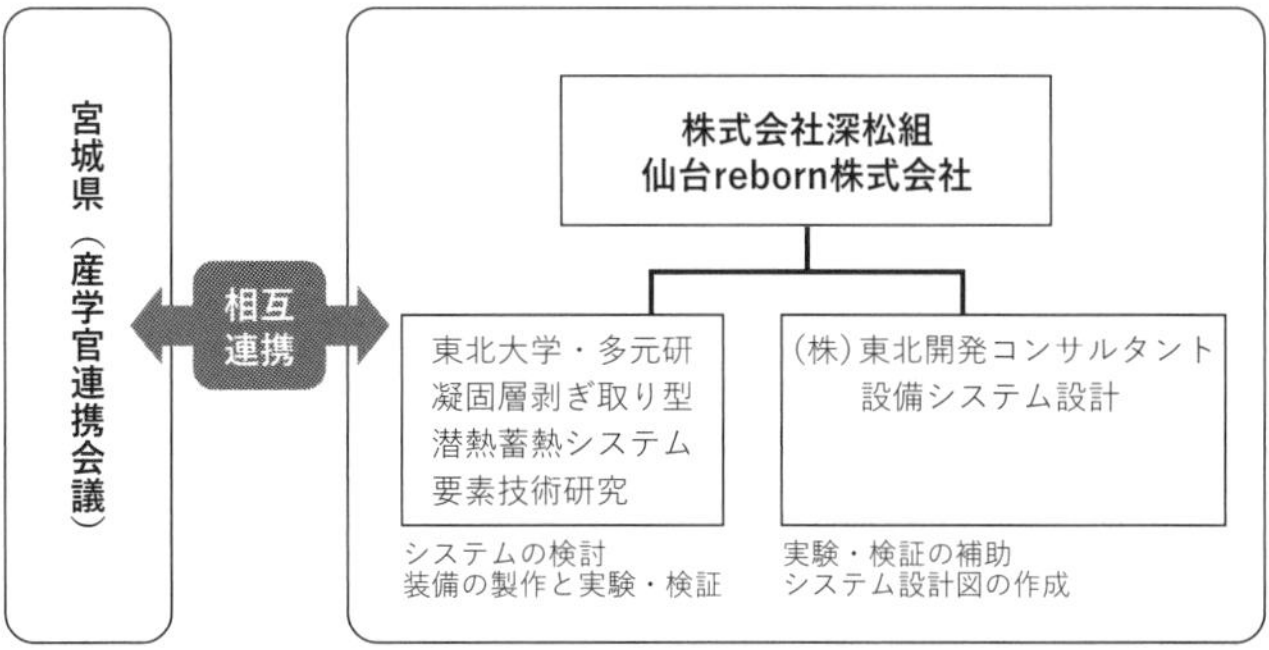

太陽熱を回収して溜めておき、常時安定した熱供給を行うというこのシステムは、園芸施設だけではなく、例えば建物の空調など多岐にわたる展開が期待できるものです。化石燃料に依存しないカーボンニュートラルな方法といえ、今後の社会におけるスタンダードとなる可能性を秘めています。

未来を生きる子どもたちのために達成すべきカーボンニュートラル

温室効果ガスの排出ゼロを目指すカーボンニュートラルは、世界中で取り組まれている試みであり、120以上の国と地域が「2050年までにカーボンニュートラルを達成する」という目標を掲げています。日本政府も2020年10月に同様の宣言をしました。ちなみに「排出を全体としてゼロ」というのは、二酸化炭素をはじめとする温室効果ガスの人為的な排出量から、植林、森林管理などによる吸収量を差し引いて、合計を実質的にゼロにすることを意味します。なお二酸化炭素は、ガソリン車に乗ったり、ごみを焼却処理したり、火力発電を行ったりと、主に化石燃料を使うことで発生します。そのほかにメタンやフロンガスなども温室効果ガスとしてその名が挙がっています。

現在、温室効果ガスの濃度は観測史上最大とされ、その結果地球は1800年代後半と比べ1・1℃温暖化しました。そして2011年から2020年までの間が、歴史上最も気温が高い10年間となっています。温暖化は、海面上昇、暴風雨、洪水、干ばつ、森林火災といった災害を世界中で引き起こし、人類の生存を脅かすものです。日本においても、大型台風が発生する回数が増え、集中豪雨による甚大な被害がほぼ毎年出るようになりましたが、その大きな原因は、地球の温暖化にあるのです。

そして温暖化を進行させる温室効果ガスは、今この瞬間にも世界中で生じ続けています。国連による報告では、今後世界の気温上昇を１・５度以内に抑えることで、最悪の事態を回避できる可能性があるとしていますが、それを達成するには２０３０年までにその排出量を２０１３年比でおよそ半分まで減らさねばならず、かなりの努力が求められます。

温暖化を防ぐのに欠かせないのが、使用するエネルギーを化石燃料から太陽光や風力、水力といった再生可能エネルギーへと転換していくことです。ちなみに日本では発電量の70％以上を、化石燃料を燃やす火力発電に依存しており、ここを改善していかねばカーボンニュートラルはまず果たせません。

なお、カーボンニュートラルの具体的な数値目標や達成までの期間については各国にゆだねられています。日本は2015年にフランスのパリで開催された、温室効果ガス削減に関する国際的な取り決めを話し合う場である国連気候変動枠組条約締約国会議において、「2030年度に温室効果ガスを2013年度から26%削減する」と国際社会に約束しています。この数値目標は非常に厳しいものであり、達成のためには日本全体で化石燃料への依存をやめねばなりません。

パリ協定での約束は、未来の日本を生きる子どもたちのためにも守らねばならないものです。建設業者としても、これから建物を造るに当たってはカーボンニュートラルやSDGsへの配慮を必ず行わねばならない時代がやってくるはずですから、各自でいち早く取り組んで、ノウハウを蓄積しておきたいところです。

なお、SDGsの観点からいうと、藤塚の施設は事業を通じた4つの軸から目標達成に貢献する設計となっています。すなわち、自然エネルギーの活用、地域の人材の雇用、農業ハウスおよびマルシェの運営、プロジェクト全般での地域社会への貢献、ということの事業の特色は、いずれもSDGsの複数の目標にかなうものとなっているのです。

新型コロナウイルスの影響で伸び悩んだ客足

オープンした2022年4月というタイミングは、新型コロナウイルスがまだまだ猛威を振るい、商業施設にとっては苦しい時期でした。しかし幸いにも、オープン後すぐにゴールデンウイークに突入したこともあり、地元を中心にかなりの人が足を運んでくれました。

施設全体では地域の人々を200人以上雇用し、混雑しても問題ない体制をつくったつもりだったのですが、予想外に人が押し寄せ、誰もが休む暇もなく働いているのに人手が足りないような状況となってしまいました。それによるクレームも多発し、せっかく来てくれた人たちに十分なサービスが届けられなかったことは、大いなる反省材料です。

ゴールデンウイークが過ぎて忙しさが一段落すると、やはりコロナの影響で想定していた旅行客の数が伸び悩むなどの要因もあり、今度は予想よりも来場者数が少なくなってしまいました。

新規オープンならではの、いわばご祝儀のような忙しさがいつまでも続かないとは分かっていたのですが、それでも商業施設運営の難しさを突きつけられ、一筋縄ではいかないとあらためて思い知りました。いくら復興のための施設とはいえ、民間経営である以上赤字続きでは施設を維持していけませんから、弱点の分析や新たな工夫が求められます。

弱点については、都市部から離れ、周囲に民家のない防災集団移転跡地に位置することの商業施設は、夜に来場者数がぐっと減るというデータが出てきました。またオープンエアの施設に共通する悩みとして、気温が暑過ぎたり寒過ぎたりすると客足が鈍るということがあります。これらはある意味で構造上の問題であり、いきなり解決するのは難しいものです。そんな弱点を踏まえたうえで、いかにして人を呼び込むか、私は考え続けていましたが、一つの施設だけですべてのニーズを完璧に満たすのはどう考えても困難でした。

ではどうするか、経営で悩んだときに私がいつも心掛けているのが、本来の目的に立ち返ることです。この事業の原点となった思いは、津波で失われた藤塚地区にもう一度にぎわいを取り戻したいというものでした。

そう考えたときに、私ははっと気づきました。自社だけでどうにかしようとするから無理なのです。地域が元気になるという目的をこの一施設だけで成し遂げることにこだわらず、地域全体で協力して人を呼び込んでもいいわけです。一つの施設であらゆるニーズを満たすのは無理でも、いくつかの施設が協力して、それぞれの得意を活かし、弱点を補い合えれば、エリアとして幅広いニーズに応えられ、集客力を高めることが可能となります。

周辺には、フルーツパークやサイクルスポーツセンター、交流館、ショッピング施設など、それぞれの個性をもった複数の事業所が点在しています。協力すれば必ず魅力的なエリアとなるはずです。

さっそく私はアプローチを始め、施設同士のコラボレーションなどいくつかのプロジェクトが動き始めています。

子どもたちが遊べる施設が地域に未来をもたらす

そうした民間事業者との協力体制に加え、行政ともうまく連携して、公共施設との相乗効果も狙っています。仙台市では現在、藤塚地区の海岸部にある公園の整備を進めているのですが、それに伴って「藤塚地区にぎわいづくり検討会」が発足、民間事業者や有識者などから意見を聞き、より人が集まるような公園施設を造るという検討がなされています。

この検討会に施設の支配人も参加しており、そこで提案したのが、全天候型の子どもが遊べる施設でした。仙台市は、家族で住みやすい「子育てタウン」をうたっており、さまざまな子育て支援を行っていますが、唯一の弱点は、仙台市内を含め雨の日に子どもと遊びに行ける施設が少ないことです。

子どもが遊べる施設がどの程度の集客力をもつかについては、全国各地で事例に事欠きません。例えば岐阜のとある総合スーパーでは、全天候型の子ども用施設を設けたと

全天候型公園

ころ、全体の売上が25億円から35億円に上がったといいます。もし藤塚地区の海岸部に同様の施設ができれば、それは仙台市の課題に対するアンサーとなるのはもちろん、地域のさまざまな施設へ、雨の日でも人の流れを生み出すきっかけともなります。

なにより、子どもたちの明るい笑い声こそ、地域に未来をもたらすものです。少子高齢化が進む地方では特に、いかに子育て世代を呼び込み、定住してもらうかが最重要課題の一つであり、子ども向け施設の建設も積極的に行う必要があります。新たな施設を造るだけではなく、すでにある施設においても、子どもたちが主役になれるようなイベントを開催するなど、できることはたくさんあるはずです。

実際に藤塚の商業施設では、敷地の一部を子どもたちに開放する形で、いくつかのイベントを行ってきました。２０２０年以降、コロナ禍によって多くの学校行事が中止になり、せっかく頑張ってきた活動や部活の成果を発表する場がないまま、卒業になってしまった子どもは少なくありません。それは本人たちはもちろん、家族にとっても寂しいことです。

仙台市の沖野東小学校および沖野中学校の吹奏楽部もまた、例年のように演奏会を開くことができず、発表の場を失っていました。そこで顧問の先生にもち掛けたところ、喜ばれたため敷地中央の芝生のスペースを開放し、子どもたちによる野外コンサートを開催したのでした。

さらには、子どもたちだけではなく地域の人々も気軽に使える場として、平素からイベントを募集しています。例えば地域のクラフト作家が集まって、キャンドルやビーズ刺繍アクセサリー、モザイクアートアクセサリーなどを販売する「藤塚よりみち市」の開催など、イベントを通じ地域の人々との交流を行ってきました。子どもたちにも、そして地域の人にも、あそこに行けばいつも何かやっている、にぎやかで楽しそうな場所だと思ってもらえるような、そして特に目的がなくても出掛けてみようと思われるような、そんな場所として根づかせることが、地方創生を実現するための私の目標です。

実はこちらの商業施設には、台湾からたくさんのインフルエンサーがやって来ており、その様子がYouTubeで配信されています。台湾は、自らの地域が何度も震災に襲われていることもあって、地震の怖さをよく知っています。東日本大震災では、被災者支援として265億円の義援金を届けてくれました。その恩返しに、私が所属する宮城県の商工中金のユース会では、2014年に台湾の高雄市で道路に埋められていたガスパイプラインが大爆発した際には募金を集め、すぐに義援金を現地に届けにいきました。それ以降の災害発生時も4回にわたって台湾に足を運んでいます。こうして台湾と仙台市は、震災という苦難を一つの絆に変え、国境を越えて恩を伝え合う関係性をつくり上げてきたのです。そうして生まれた交流が一般市民の間に広がった結果、インフルエンサーが仙台を訪れ、その絆や魅力を発信してくれるようになっています。

２０２３年からは、外国からの観光客の数も徐々に戻ってきており、今後はさらに増えると予想されます。国内だけではなく海外へも目を向け、ゆかりのある国や地域があれば民間レベルでも交流を促進していくと、いずれ彼らが地方創生の心強い援軍になってくれることが期待できます。

第5章

未来の子どもたちが
安心して暮らせる日本へ——
地方建設業のロールモデルとして
より良い社会を創造する

地方都市で創業100年近くの歴史をもつ会社になった理由

私が建物を建てるという仕事の先にある新事業にチャレンジし続けてきたのは、今に始まったことではなく、祖父の代から受け継がれてきたDNAです。社是である「信用を重んじ、建設事業を通じ地域社会の繁栄に奉仕する」に忠実にすべての事業に取り組んでいます。地域が元気であってこそ建設業は成り立つと考えています。既存の事業領域だけにとらわれ続けていては、成長はありません。世の中の景気が良くなるまで耐えて待つのではなく、自ら新たな事業領域を探し、積極的にチャレンジするのが大切です。

私の会社は時代に合わせてさまざまな事業を手掛けてきました。もともとは先々代が水力発電所の建設の土木工事からスタートした会社ですが、高度経済成長期に住宅不足になった際にプレハブ住宅の代理店を始め、さらに住宅建築業へと進出しました。平成に入って住宅不足が一段落すると、賃貸マンションの建設や管理に軸足を移し、不動産をいくつも所有しました。この賃貸事業があったからこそ、公共工事の量や世の景気にそこまで左右されず経営を続けられており、例えば２００８年のリーマンショックの不景気の際にも、従業員を一人もリストラせず乗り切れました。

私の会社は１９２５年に祖父が興した個人事業がルーツであり、その歴史は水力発電所の建設から始まりました。創業当初仙台に本社を構え、宮城県、新潟県、青森県、秋田県、山形県、福島県、長野県といった各地で発電所や関連施設の建設、改修、修繕工事を手掛け、また建設業以外での分野では１９５９年に有限会社朝日石油を設立してガソリンスタンド経営にも参入しました。

その後、２代目である父が会社のかじ取りを担うようになってから新たに始めたのが一般住宅の建築です。経済成長が続き、もともとの住宅不足に加えベビーブームや農村から都市への移住、核家族化が進んでいったこともあり、住宅需要がどんどん高まっていた時期でした。土木工事では公共工事もかなりの量を手掛けるようになり、土木と建築の両輪で経営を行っていきました。

しかし1990年代に入ってバブルがはじけ、民間建設需要が急速に冷え込んでいきます。反対に、公共事業は景気浮揚のために伸びていきました。そんななかで父が力を入れ始めたのがマンションの賃貸事業でした。その裏には、景気の波や公共工事の量に大きく左右される土木や建築といった仕事だけでは、会社の経営を安定させるのが難しいという現実がありました。バブル経済の熱狂と崩壊を経験した父だからこそ、経営の安定化への思いが強かったのです。そこから一気に賃貸マンションを買い増していき、現在は28棟を所有し、それが会社の経営の3本目の柱となりました。

そして私が3代目の社長に就任したのが2008年4月1日です。当時は一級建築士による構造計算書の偽装問題などが尾を引き、建物の建築確認がなかなか下りなくなったため、仕事が溜まるばかりで売上につながっていませんでした。そんななか、9月15日にアメリカの大手投資銀行であったリーマン・ブラザーズが負債総額約6000億ドル超となる史上最大級の規模で倒産し、それが世界的な金融危機へと発展していきます。私の会社もまたその大不況の波をかぶり、溜まっていた仕事の話がいっぺんに吹き飛んで、見る見る景気が悪くなっていきました。

当時を思い返せば、経営はかなりの綱渡りでした。例えば、仙台の分譲マンション建設の仕事では、もう建物が完成してあとは引き渡すだけという段階で、施主であるマンションのオーナーから「お金が払えない」と言われました。

その総額は4億円にも及び、もしすべてが損失となったなら、私の会社の経営は窮地に立たされます。そこでメインバンクと交渉し、建物はそのままに賃貸事業をやると伝えて支援の約束を取り付けたのですが、のちにそのマンションにはメガバンクの抵当権が付いていると判明しました。そしてメガバンクは、賃貸事業への転換を認めてはくれず、計画どおり分譲するよう要求してきました。なんとか完売できたのですが、ご多分に漏れず、施主の会社は倒産してしまい、回収できた資金は3億円で、1億円は取り戻すことができませんでした。

公共事業費の削減も重なり、億単位の赤字が複数出ました。まさか自分が社長に就任したとたん、このような困難がやってくるなど想像もしていませんでした。

リーマンショックによる直接的な影響が地方へと及んだ2010年前後が、経営的に最も苦しかった時期です。売上はピーク時の100億円から30億円まで減り、このままでは倒産するかもしれないという危険水域にありました。周囲の多くの建設会社も同様で、みんなリストラによってなんとか生き残りを図っていました。しかし私は、社内会議で全社員に対して、リストラは絶対しないことを宣言し、そして実際に一人の首も切ることなく踏ん張りました。

建設事業がぼろぼろの状態で再生の兆しもまったく見えないなか、なぜこうした決断ができたのかというと、すべては父が残してくれた不動産業のおかげでした。所有するマンションから6億円の家賃収入があったことが会社の最後の支えとなり、それでなんとか社員を守れたのです。

その後、東日本大震災が発生し、会社としては復興に尽力していくわけですが、リーマンショックでの苦境と、父が開拓した不動産事業により救われたという経験から、私もまた自分の代で新たな事業の柱をつくり、より経営を安定させなければならないと強く思うようになりました。そして実際に、さまざまな事業を次々に立ち上げ、現在へと至っています。

太陽光発電事業で、温室効果ガスの削減に貢献

私は現在、創業事業である土木、父が興した建築と不動産を継続して行うとともに、再生可能エネルギー事業、リゾートホテル事業、アクアイグニス仙台の運営、そして海外での賃貸マンション事業、障がい者のグループホーム事業、新技術開発事業を手掛けています。

土木事業は公共工事が中心で、震災からの復旧工事を数多く引き受けてきました。近年は公共工事の発注量が減少傾向にあり、やや苦戦しています。これは地方の建設業者の多くが体感していることだと思います。

建築事業においては、さまざまな建物を手掛けていますが、ここのところ増えてきたのがＪＡ（農業協同組合）の施設の建設です。全国に比べ１次産業の割合が高い東北地方ではＪＡの規模が大きく、必然的に建築の事業規模もまた大きなものとなり、私の会社の建築事業を支える核の一つに成長してきました。

不動産事業に関していうと、地方では主に少子高齢化の影響から1Kタイプのマンションに空きが増えてきています。建て替えの時期に差し掛かっている物件もいくつかあり、そうしたマンションをいかに改修して生まれ変わらせるかを検討している最中です。例えば仙台ではペット可のマンションが思いのほか少なく、そのあたりにも新たなヒントがありそうです。いずれにせよ何らかの特徴をしっかりと打ち出すというのが、入居率の向上と維持につながっていきます。

ほかに注目しているのが、障がい者施設です。もともと大人数の入居かつ、交通の便の悪い場所に多かった障がい者施設ですが、法律の改正により場所を選ばずに設けることができるようになりました。厚生労働省の調査によると、障がい者の総数は936・6万人で、そのうち身体障がい者は436万人、知的障がい者は108・2万人、精神障がい者は392・4万人で、全人口の約7・4％程度いるとされています。その多くが自宅で過ごし、両親が面倒を見ています。それと同時に、親は自分の亡き後、障がいのある子どもはどのように生きていけばいいのだろう、という不安を抱える「親亡き後問題」も社会課題の一つとなっています。

私が障がい者施設に着目し始めた２０１８年の11月、障がい者グループホーム事業を展開しているソーシャルインクルー株式会社の渡邊社長と出会い、これから障がい者施設はますます需要が増えるとの話を聞いてすぐさま出資を決めました。

まずは新潟の資材倉庫の土地に一棟目を建てました。６畳１間20床、共同のトイレとキッチンと風呂を備えた２階建ての施設が完成し、その地区の障がい課の担当者からは、これまでは問い合わせがあっても対応できなかった障がい者施設を紹介できるとたいへん喜ばれることとなりました。さらに入居者の両親からも、親子ともども安心して暮らすことができると喜びの声が上がっています。

また家賃に関しては、存命の間は両親が支払い、亡き後は生活保護の対象者となるため、自治体支払いとなります。一般的なアパートであれば新築を建てたとしても、今後さらに人口が減っていくため、１００％入居状態にすることはなかなか難しいですが、障がい者施設の場合は一般的に死亡するまで入居状態が続くため、安定した収益を上げることができます。このことから事業計画を立てやすいといったメリットもあります。

施設不足を解消するだけでなくビジネスとしても成立する事業であり、現在６施設目設置に向けて、準備を進めています。

再生可能エネルギー事業については、小水力発電に加えて太陽光発電も手掛けています。全国に11カ所の発電所を造り、その年間想定発電量は1128万6864キロワットアワーにも及びます。一般家庭で使用する年間の電気量に換算すれば約1998世帯分に当たる発電量です。事業としての太陽光発電の最大の魅力は、国による再生可能エネルギーの固定価格買取制度があることです。利益率が高いうえ、一定期間は契約時と同じ値段で電気を販売できるので、賃貸事業のように毎月安定した収入が見込め、不況に強い事業です。そしていうまでもなく、地球環境の保全に大きく貢献できます。私が手掛けている太陽光発電所で生み出す電力をつくるのに必要な石油の量は年間約256万2118リットルであり、火力発電に比べ、スギの木で換算すると約40万6730本が吸収する二酸化炭素を削減している計算です。

なお、これから太陽光発電事業を手掛けるなら、慎重さが求められます。固定価格買取制度がスタートした当初は、発電に適した土地はいくらでも空いていたのですが、現在はかなり限られてきた印象で、安定した日照量が得られるかの見極めがより重要になっています。２０１４年に九州電力が再生可能エネルギーの買い取りの中断を検討したことで、北海道電力、東北電力、関西電力、四国電力、九州電力、沖縄電力でも設備設置や売電申請の中断が相次ぎました。また昨今では日照時間の多い日が増え、発電量が需要に対して過剰になっています。発電することも重要ですが、買い取ってもらえない電気を蓄電池に貯め、その電気を販売することが主流になるのではないかと思います。

今後は日中に発電した電気を夜間に使用、販売し、需給バランスを調整するために、全国に蓄電池を造るという動きも見られます。

また、参入企業のなかには、儲けを重視するあまり、安い土地があればとにかくそこに発電パネルを並べようとするところがありますが、森林を伐採して設置する場合には、山の保水力が失われるため、大雨が降れば土砂災害が起きるリスクが高まるという点は絶対に知っておくべきです。実際にそうした山では土砂崩れが相次ぎ、近隣の集落を脅かして社会問題化しています。宮城県では森林に風力発電や太陽光発電などの再生エネルギーの発電施設を新設する事業者に対して、営業利益の20％程度になるように独自に課税する「再生可能エネルギー地域共生促進税条例」が可決されました。

事業として利益を求めるのは当然ですが、地域住民を危険にさらすようなことをすれば必ず問題が起き、いずれ会社は倒産に追い込まれます。慎重に土地を調査し、地域住民からもしっかり理解を得たうえで取り組むべき事業です。

地域の発展がなければ、事業の成功もない

私の会社で進めているリゾートホテル事業としては、宮古島周辺での展開があります。宮古島という離島から、さらに伊良部大橋を渡らねばたどり着けない伊良部島は、沖縄のなかでも田舎であり、昔と変わらぬゆったりした時が流れる島です。一見すると開発とは無縁のようですが、実は近年、大人気となった観光地の一つで、特に海外からの観光客が一気に増えました。その背景には、２０１５年に宮古島と伊良部島を結ぶ伊良部大橋が開通したことや、２０１９年にみやこ下地島空港が開港したことなどがあります。これらの要因のすべてに伊良部島が関わっていたのも、私が伊良部島での事業に力を入

れる理由です。

宮古島全体としても観光客は2倍以上に増加し、有効求人倍率は2・17倍を超えて「宮古島バブル」といってもいい状態が続きました。新型コロナウイルスの流行により、一時的に観光客は減少したものの、2023年8月現在では次第に客足が戻り、再び開発が活発化しています。

実はそうして人気を集める以前から私は沖縄が大好きで、よく旅行に出掛けていました。そして、いつかこんなすてきな場所で仕事ができたら幸せだろうと思っていたのです。

「念ずれば叶う」とはよくいったもので、ある日、宮城県に本社を置く旅行会社、株式会社たびのレシピの佐藤社長から「沖縄の美ら海水族館のそばのホテルが売りに出ている」との話を聞き、実際のホテルを見に行くことにしました。沖縄に憧れがあったとはいえ、当時はリゾート事業など手掛けたことはありませんでしたから、最初は旅行ついでに軽い気持ちで見に行ったというのが正直なところです。春分の日に航空券を取っていましたが、前日に「オーナーの気が変わり、美ら海水族館のホテルではなく伊良部島

ヴィラブリゾート（沖縄県宮古島市）

のホテルを売りに出すことになった」と急遽連絡がありました。空港から乗ったタクシーの道すがら、運転手さんと話をすれば、とにかく宮古島は景気が良く、人が増えてタクシーも足りないと言います。

そして伊良部島南部にあるそのホテルの景観を見たとき、私は心臓が高鳴るのを感じました。まさにひとめぼれでした。経営者という立場からしても、好景気に沸く宮古島、そして話題の中心にある伊良部島での事業は大いに魅力的でした。また、このようなすばらしい立地のホテルと巡り合うというチャンスはもう二度

ヴィラブリゾート（沖縄県宮古島市）

とないだろうという予感もありました。それが、素人ながらリゾート事業に挑戦してみようと思った経緯です。

とはいえ、宮城県の建設会社がいきなり沖縄でどんどん事業を推し進められるわけではありません。これはどこの地方でも同じようなところがありますが、その地域でひっそりと暮らしてきた人々は、開発や観光地化を好ましく思わないことが多く、いきなりそこに踏み込んでいっても住民の協力を得られず、それが事業を頓挫させる理由になりかねません。土地を買う、人を雇うといった肝心な部分で、必ず住民の協力が必要になるからで

Blue Cove Terrace（沖縄県宮古島市）

す。

宮古列島のなかでも田舎といえる伊良部島では、特に人付き合いがものをいいます。ホテルは購入したうえで、私はまず、開発前にじっくりと人間関係をつくっていくことに決めました。購入したホテルを建設した有限会社島尻建設の島尻社長が私のことを島の人に紹介してくれたことがきっかけとなり、少しずつ島の人と話す機会が増えていきました。そして実際に伊良部島に毎月のように通い、毎回お土産を持って島の地主の家々を回り、地元のおじいさんやおばあさんと顔見知りになりました。

また、沖縄ではユタと呼ばれる霊的な能

海中展望型客船ベイクルーズ宮古島 Mont Blanc

力をもつ祈祷師の存在が信仰されてきました。子どもの進路から日常の些細なことまで、沖縄の人はユタに相談することが多いと聞きます。私は人間関係を構築していくうえで「郷に入っては郷に従え」という言葉を大切にしており、初めて沖縄の土地を買った際にはユタのところへ相談に行きました。そのことを地元の人に話すと「あなたは沖縄の伝統を重んじる宮古人」だと言われ、ますます受け入れてもらうことへとつながりました。

また、コロナ禍では宮古島は離島ということもあり、特にマスクの入手が困難でした。そこで私は地主の家々に１００枚ずつマスクを送ったところたいへん喜ばれたため、さらに宮古島市役所には伊良部島に別荘を持つ、株式会社トスネットの佐藤会長とともに1万枚を寄付すると、島外人の入場を規制しているなかでも歓迎を受ける関係性となりました。そのようにして地元の人のためになる行動を重ね、地主の方々と直接交渉して土地を買い増していきました。

工事については、あえて地元の建設会社に直接発注しました。実はこれが地方で事業を行うための大きなポイントです。リゾートを造る際、大企業の多くは有力なゼネコンに工事を発注しますが、それでは地元に落ちるお金がかなり少なくなります。直接、地元に依頼し地域経済に貢献するというのが大切で、そうして地域とともに発展していくという姿勢は、私が手掛けるあらゆる事業に共通するものです。

結局のところ、自分だけ儲けよう、自分が幸せになればそれでいい、という考え方では事業を成功させることはできません。そもそも会社とは、地域や社会を幸せにするためにあるものです。新たな場所で事業をやらせてもらう以上は、その地域に住む人々に敬意を払い、ともに手を取り合って成長できるような形にするというのが基本であり、成功の法則の一つであると私は思います。

沖縄開発事業一覧

たびの邸宅　沖縄那覇
(沖縄県那覇市)

ヴィラブリゾート
(沖縄県宮古島市)

たびの邸宅　沖縄那覇 2nd
(沖縄県那覇市)

そうして利他の心をもち、地域の発展に本気で尽くそうとすれば、地元の人々も必ず心を開いてくれ、協力を得られるようになっていくはずです。

たびの邸宅　沖縄今帰仁
-HOMANN CONCEPT-
（沖縄県国頭郡今帰仁村）

たびの邸宅　沖縄備瀬
-HOMANN CONCEPT-
（沖縄県国頭郡本部町備瀬）

グレイスハイツ WIDE（賃貸）
（沖縄県宮古島市）

グレイスハイツ WIDE2（賃貸）
（沖縄県宮古島市）

海中展望型客船
ベイクルーズ宮古島 Mont Blanc

Blue Cove Terrace
（沖縄県宮古島市）

人の縁がつないだミャンマー進出

海外事業としては、東南アジアのインドシナ半島西部に位置するミャンマーで、現地に暮らす日本人向けのサービスアパートメントを手掛けています。この海外事業は、会社の新たな利益の柱にしようという経営判断に加え、東日本大震災での経験やその後の台湾との交流を通じて海外の国々との民間協力の重要性を実感したことから、着手したものです。今後、災害により日本が大きなダメージを負うとしても、海外にも支援してくれる人々がいることで国としての復興が確実に早まります。今から交流の種をまいておけば、子どもたちが生きる未来には必ずそれが花開いて、日本が苦境に陥った際の大いなる助けとなると私は考えています。

ではなぜ海外進出第1号がミャンマーなのかというと、人の縁によるところが大きいです。震災から1年ほど経ったタイミングで、知人の紹介で出会ったミャンマー人のスーザ・ミョータンさんがいました。彼女はすでに30年を日本で過ごし、日本語はもちろん価値観や文化にも精通していました。彼女が言うには、ミャンマーは建設業がまだ発展途上にあり、その技術レベルが日本と比べはるかに遅れているとのことでした。彼女は私に、ぜひミャンマーを訪れて建設業の現状を見てほしいと話していました。そして日本の技術が伝われば、国の発展につながるという希望をもっていたのです。国を深く思う彼女の真摯なまなざしのなかに、私は戦後の日本の人々を見ました。何もない焼け野原から今の日本の礎をつくってきた人々も、当時はきっと彼女と同じ目をして、国の発展を願い、未来への希望を探していたに違いありません。これからの世界では東南アジアが伸びてくるであろうというのは当時から予想できており、市場としての興味もむくむくと湧いてきたため、私は仕事の合間を縫ってミャンマーに行ってみることにしました。

初めてミャンマーを訪れたのは、2012年のことでした。タイのバンコクを経由し、彼女のお母さんが住むヤンゴンには夜に到着したのですが、ミャンマー最大の都市であるにもかかわらず、あたりは真っ暗で、車もほとんど走っていません。あまりに田舎の光景に驚きはしましたが、一方でアジアの発展途上国とはこんなものだろうと思う気持ちもありました。

彼女のお父さんはすでに他界していましたが、お母さんを通じてさまざまな話を聞いていくなかで、彼女の一家が宮城県と深い関わりがあることが分かったのです。

太平洋戦争の緒戦において、日本はビルマ（現ミャンマー）を攻略し、一時占領したのですが、その軍のなかには宮城県出身者が多くを占める第二師団の姿がありました。そして彼女の両親は、終戦後、餓死寸前まで追い詰められていた第二師団の日本人兵士に食事を与え、その命を救ったといいます。さらに一家は戦後、日本人兵士の魂をねぎらうため、土地を紹介し、墓地の建設に向けてひとかたならぬ努力をしてくれ、そのおかげでヤンゴン日本人墓地が建設されたのです。

思い掛けぬ不思議な縁に、私はさらにミャンマーという国に興味をもつようになりました。そしてその10カ月後、再びヤンゴンを訪れたところ、そこは以前とはまるで違う町に変貌していました。新たについたネオンが夜の町を明るく照らし、車は渋滞しています。そのすさまじい成長のスピード、そして町に溢れる若者のエネルギーを肌で感じ、私は将来、間違いなくミャンマーが日本に迫る日が来ると確信しました。

日本の建設技術をミャンマーに伝え、国の発展を後押し

2度目の往訪では、興味深いことが分かりました。現地でマンションを見ていくと、そのほとんどは質が悪く、設備はぼろぼろといった状態でした。それにもかかわらず、家賃が高かったのです。どのマンションも似たり寄ったりで、現地の日本人はほかに選択肢もないのでしぶしぶそこに住んでいるという状況でした。現地で日本大使館に足を運んだり、現地の駐在員にヒアリングを行ったりして情報を集め、やはり現地の日本人は快適なマンションを探すのに苦労しているという結論が得られました。

マンションの建設、そして賃貸事業とも、私の会社の得意とする領域です。ただ実際に海外進出をするとなると、想定外の苦労がたくさん出てくるでしょうし、当然ながらコストもかかります。

そこで会長である父に相談してみると、父は意外なほど前向きで、私の背を押してく

れたのです。父は、東京進出についてタイミングを逸したという後悔を今ももっており、可能性を感じたときはすぐにでも動くべきだという考えでした。私は本格的にミャンマーでマンション事業を展開すると決意しました。

なお、その後もう一度ミャンマーに向かおうと成田空港を訪れた際、偶然の出会いがありました。空港で突然声を掛けられ振り向くと、そこには日本大学の後輩である福田哲也さんが立っていました。彼は建設会社や不動産会社に対し、プロジェクトマネジメントや設計管理といった業務支援を行う会社である「フクダ・アンド・パートナーズ」を立ち上げ、成功を収めた経営者です。

こんなところで再会するとは思っていなかったので驚きましたが、彼がこの先、ミャンマーに現地法人をつくるつもりであるという話を聞き、さらにびっくりしました。私はその場で彼に、可能であればうちの事業を手伝ってほしいともち掛け、快諾を得ます。

彼との取り組みにより、ミャンマーでの事業は一気に動き出しました。信頼できる現地の建設会社Kakehashiを紹介してもらい、そこと私の会社、そしてフクダ・アンド・パートナーズの3社で合弁会社を立ち上げる運びとなったのです。それぞれの役割としては、現地でのコーディネートや業務支援をフクダ・アンド・パートナーズが担い、私の会社がマンションのオーナーとしてミャンマーの建設会社に施工を委託するという形です。

私はKakehashiのチョウ社長に対し、ミャンマーの建設業界でいちばんの会社になってほしいとお願いしました。そして、そのために必要な日本の技術はすべて教えると約束したのです。

当時、日本の建設技術はミャンマーをはるかにしのいでおり、取り入れればほかに類を見ないような高品質のマンションができるのはその社長も分かっていたのですが、結局のところコストが非常に高くつくうえ、ミャンマーの顧客はそれほどのレベルを求めていないということから、日本の技術を学ぶことに消極的だったのです。

しかし私たちは諦めず、こつこつとアプローチを続けて、現地の作業員に日本の技術を教えていきました。すると次第に作業員の表情は明るくなり、仕事を楽しむようになっていきました。周囲の業者とは圧倒的にレベルが違う技術を身につけていくことに快感を覚え、やりがいをもち始めたからです。作業員たちは、もっと日本の技術を学びたい、日本の製品を使いたいと社長に直訴するようになり、それで社長の意識も変わっていきました。質の高い建物を造る喜びを知り、それで他社との差別化を行うと本気で考えるようになったのです。以来、見違えるように熱心になり、最終的には日本と大きく変わらないレベルのマンションがミャンマーに建ったのでした。

こうしてマンションは完成したのですが、ミャンマーでは２０２１年に軍部のクーデターが起き、現在も内戦が続いています。そこで事業もストップしてしまいました。こうしたカントリーリスクは、海外で事業をする以上避けられないものです。

ただ、それを考慮しても、やはり海外市場には魅力があります。海外の建設市場について、国連のデータ（National Accounts Main Aggregates Database）によれば、アジア大洋州（アジア太平洋地域の14の国と地域）の建設投資は日本の約5倍とされています。また、アジア開発銀行研究所のデータでは、アジアにおける２０１６年から２０３０年にかけてのインフラ需要は約26兆ドルにものぼると示されています。世界には、いまだ膨大なインフラ需要が存在しているのは間違いありません。

ミャンマーについても、いずれ平和になったら、そこから一気に発展し、相当なインフラ需要が出てくるだろうと私は考えています。そうしてアジア各国と民間同士でのつながりを築いていくことができれば、それは日本という国にとっても確実にプラスに働き、次世代の人々がともに成長していくきっかけとなると私は信じています。

テクノロジーを導入し、生産性を上げるのが建設事業者の急務

日本はかつて、高度経済成長期において飛躍的な経済成長を遂げ、先進国の仲間入りを果たしました。しかしその成長はバブル崩壊以降大きくペースダウンし、そこからかなり長い間、停滞してきました。

国際通貨基金の統計において、国の経済規模を示す国内総生産（GDP）を見ると、1990年からの30年間でアメリカが3・5倍、中国は37倍となったのに比べ、日本は1・5倍にとどまっています。

ドローン操作

賃金についても、経済協力開発機構（ＯＥＣＤ）のデータでは、２０２０年の日本の平均賃金は30年前と比べ４・４％しか増えていません。ちなみにアメリカは47・７％、イギリスも44・２％、ドイツは33・７％など、ほかの先進国が大きく増加しています。こうした数字を見れば、まるで日本だけが30年前で時計が止まってしまったかのようです。

なぜ海外とこのような差がついてしまったのかというと、最も大きな理由の一つは、生産性の違いです。ＯＥＣＤが発表したデータに基づくと、２０２１年における日本の時間あたりの労働生産性は49・９ドルで、加盟国38カ国中27位でした。この順位は1970年以降で最も低いものです。そして就業者一人あたりの労働生産性についても、29位と低迷しています。

人口減少が進む日本において、生産性の向上は国の行く末を左右しかねない重要な課題であり、建設業界にもまったく同じことがいえます。建設業界の仕事のなかで、私が非効率であると感じるのは、公共工事が年度末である冬の時期に集中することです。1月から3月という冬の寒さの厳しい時期に工事が集中し、4月から6月の1年で最も過ごしやすい時期には暇になってしまうという現状は、生産性の観点からいってもマイナスです。

また建設業界では、行政機関を含めいまだにITの導入に消極的なところが多いと感じます。例えば役所に提出する書類にしても、自治体ごとにばらばらの書式で送っているため統一が難しく、事務処理にも時間を要します。これは、役所が書類のフォーマットを作り、全国共通にするだけで解消できるはずですが、そうした動きはありません。

深刻な人手不足に陥っている建築業界だからこそ、仕事の生産性を上げることを常に意識し、それに寄与するテクノロジーをどんどん導入していかねばなりません。

私は積極的にＤＸ（デジタルトランスフォーメーション）と向き合い、最新技術によって生産性を高める取り組みを行ってきました。その一例として挙げられるのが、ＩＣＴ（情報通信技術）施工の導入です。ＩＣＴ施工では、建設現場で行われる測量や検査、施工工事などの工程にＩＣＴを導入することで、生産性や品質の向上を図ります。例えば測量については、これまで職人の技術に頼り、時間をかけて進めてきたものですが、ドローンを飛ばして撮影したデータを基に３Ｄデータを作成したうえで、より緻密な測量が可能となっています。この技術により、それまでは複数の作業員が現場に出向いて行っていた測量作業が、ドローン操縦の技術のある作業者が１人いれば行えるようになりました。ＩＣＴの力により、生産性および安全性を高めた働き方が可能となった好例です。

また、建設業界における生産性の向上に寄与するとして注目されているのが建築分野の「ＢＩＭ」、土木分野の「ＣＩＭ」と呼ばれる手法であり、国土交通省もその導入に力を入れています。ＢＩＭとは、Building Information Modeling（ビルディング・インフォメーション・モデリング）、ＣＩＭとは、Construction Information Modeling（コンストラクション・インフォメーション・モデリング）の略称です。３Ｄデータと各種工事データを結びつけて活用することで、具体的にはコンピュータ上に作成した３Ｄモデルの図面に、コストや資材・管理情報などの属性データを追加し、調査、設計、施工、維持管理といったあらゆる工程で活用して、建設プロセスの効率化を目指します。

建設業界では、これまで図面といえば平面（２次元）でしたが、それだと完成した建物を正確に思い浮かべるには一定の経験が必要でした。また、紙の図面で情報共有を行う場合、コピーを取って配るといったような作業工程も発生してきます。ＣＩＭの導入によって、情報は３Ｄデータという誰が見ても分かる形に置き換えられ、かつデジタルで簡単に共有することができるようになります。私の会社では、事務作業を自動化できるシステムＲＰＡ（ロボティックプロセスオートメーション）を取り入れ、業務の効率化、生産性向上に努めています。

このような最新のテクノロジーを躊躇なく業務に取り入れ、生産性を上げていくのが、今後の世界を生き抜くうえで重要になってくると私は考えています。

子どもたちの時代に花開く、次世代技術を育む

私がこれまで取り組んできたさまざまな事業のなかでも、再生可能エネルギー事業や海外事業は、未来に向けた取り組みという色合いの強いものです。私としては、会社の将来への投資というだけではなく、子どもたちにより良い社会、より良い絆を残したいという思いもまた、事業の原動力となっています。

日本の未来を考えるうえで間違いなくいえるのは、これから人口がどんどん減っていき、今までのようなやり方で国を維持することができなくなるということです。今後、日本が先進国と呼ばれる立場であり続けるには、付加価値が高い独自の技術をもち、その市場を自分たち主導でつくり上げていくしかないと私は思っています。

新たな技術を生むには、前段として研究が必要になりますが、現在の日本では、すぐに役立つものや、実用化に直結するものなどに力がそそがれ、科学技術力のベースとな

る基礎研究がおろそかになっていると感じます。技術大国と呼ばれた日本の科学技術力は、年々低下し続けているといわれますが、その最も大きな理由は基礎研究の軽視にあります。基礎研究の充実こそが世界の課題を解決するイノベーションにつながり、日本の技術開発力を再興するための土台となるというのが私の考えです。

実は震災前から、私は研究者であるイデア・インターナショナル株式会社の笠間代表とタッグを組んで、基礎研究の分野に投資を行い、国からの助成金が支払われるまでの間、資金面での援助をしていました。その甲斐あって東北大学で行われてきた基礎研究を基に、世界で初めて「リチウムイオン内包フラーレン」の大量合成に成功しています。

リチウムイオン内包フラーレンは、リチウムイオンと60個の炭素原子からなる超微小な物質であり、本来単独で存在するには不安定なリチウムイオンを炭素でくるんだことで、無機物である金属イオンと有機物である炭素の長所を活かせるようになったという、まさに未来の素材です。さらなる研究開発が進むと、例えばより薄くて軽い、フィルム状の次世代型太陽電池、ペロブスカイト型太陽電池の新たな材料になる可能性もあります。ほかにも蓄電池や医療、センサーなど幅広い分野での応用が期待されており、世界の機関で研究が始まっています。

このリチウムイオン内包フラーレンにイノベーションの可能性を感じた私は2020年4月にイデア・インターナショナルをM&Aし、そして2022年にはリチウムイオン内包フラーレンを核とした新たな研究にさらなる投資をしました。東北大学大学院理学研究科に対し3000万円を寄付して、「次元融合ナノ物質科学」という基礎研究の寄附講座を開設したのです。ただし基礎研究には時間がかかるものであり、少なくともあと10年は研究を重ねないと、世界を変えるような技術に成長していかないと思っています。そのためまったく焦ってはいません。子どもたちの代で花開いて、日本が世界に誇る技術となり、再び日本が技術大国に返り咲くという「Reborn」のきっかけになることを願っています。

もし日本の未来をより良く変えたいなら、業界の垣根を越え、新時代の礎となるような基礎研究にぜひ投資をしてもらいたいと思います。そうして日本が元気になれば、建設業界を含む多くの業界もまた活気づくのは間違いありません。

おわりに

震災直後、ようやく仙台市にたどり着いたときに見た夜空を、私はいまだに思い出します。

停電であらゆる文明の光が失われたなか、星だけがやけにきれいに見えました。

そこから仙台の被災地は復興への道を歩み始め、現在では建物やインフラのほぼすべてが復旧し、町々は夜の輝きを取り戻しました。

それでもいまだに真っ暗な夜空にきらめく星々が脳裏に浮かぶのは、私のなかでまだ復興が発展途上である証しなのだと自分では思っています。

東日本大震災から10年以上の時が経過し、町はきれいになりましたが、被災者のなかにはまだまだ心の復興を成し遂げられていない人もいると感じています。

人々の心の復興を進めるには、地域の守り手である建設業者が主体となって地方創生を目指し、地域を元気にしていく必要があります。

私の心の復興も、仙台や藤塚といった地域に真のにぎわいが戻って初めて、成し遂げられるような気がしています。


日本全体でいっても、経済成長は止まり、人々の年収は上がらず、そんな現実を前に気力を失っている人も多いと思います。地方では特に、少子高齢化に歯止めがかからず、過疎化が進み、経済破綻の危機にある村や町がたくさんあります。

そうした地域についても、地元の建設業者が地域とともに成長できるようなさまざまな事業にチャレンジし、村や町を再生するきっかけをつくってほしいと願っています。

本書には、そんなチャレンジのヒントとなり得る事例を、意図的にたくさん込めたつもりです。


これからの建設業界では、いずれ外国人の力を借りなければ仕事ができなくなる日がやってきます。現在は法律により外国人労働者の雇用に制限が設けられていますが、これから恐ろしいペースで人口が減っていくなかでは、建前など言っていられなくなりますから、必ず近い将来規制が撤廃されるに違いありません。

ただ、本書でも述べたとおりいくら外国人が労働力を補ってくれたとしても、日本という国で培われてきた技術を体現する職人たちがいなくなれば、建設業は成り立ちません。

古来、日本で伝わる建築技術は、地震大国だからこそ磨かれてきたものであり、強固な建物を造るためのノウハウや技術は、ほかのアジア諸国よりも圧倒的に進んでいます。加えて最新技術を取り入れた建設技術についても、やはり世界有数です。日本人が元来もつ几帳面さや細かさ、こだわりの強さが、建設技術のレベルを押し上げてここまできました。

そうしたアドバンテージを今こそ活かすべきです。

まずは外国人労働者が日本で学んだこの技術を自国にもち込み、それぞれ国の発展のために尽くします。

そうすればその国の国民たちは、きっと日本のファンになってくれるはずです。だからこそ私たちは外国人労働者の働きやすい環境づくりに努め、またいつか日本で働きたい、もっと職人の技を学びたいと思ってくれる人を増やしていきたいと考えています。その積み重ねで世界中にファンをつくれば、人口が減っていくなかでも働き手を確保でき、建設業の衰退を防ぐことができるのではないかと私は考えています。

世界に向けたアプローチとともに求められるのが、若い世代の育成です。若者たちの心に染みついた、建設業に対する悪いイメージを払拭するには、正しい情報や仕事の魅力を、ひたすら発信し続けるしかありません。まずは現役の建設業者が若者に対して夢を語り、やりがいや思いを伝えていくのが大切だと思います。

そして建設業界の門をくぐった若者については、各社がしっかりと育て上げ、自社の財産である技術の継承を行っていくべきです。

今後は、若い世代と誠実に向き合い、じっくり育てていくという覚悟のもと、未来に向けた投資をしっかりと行えた会社だけが生き残り、成長を続けていけるのです。

コロナ禍により、世界は大きく変わりました。

しかし、変化をネガティブなものととらえてしまえば、そこから先には進めなくなります。

震災という悲劇ですら、被災地の人々の結束を生み、地域のインフラを造り替え、海外との絆を育むきっかけとなりました。

Reborn & Create――困難や苦難を乗り越え、再生したその先には、必ず新たな希望が待っています。

未来に目を向け、建設業の誇りを胸に、まっすぐ進んでいってほしいと思います。

【著者プロフィール】

深松 努（ふかまつ・つとむ）

1965年生まれ。1987年日本大学理工学部土木工学科卒業後、前田建設工業株式会社で働いたあとに1992年株式会社深松組に入社。2008年に3代目社長に就任。リーマンショックや東日本大震災といった危機を経験し、それらを乗り越えるために事業の多角化を図り始める。また、東日本大震災時には率先してがれき撤去や復興に貢献した。現在は建設業以外にも、太陽光発電や小水力発電、ミャンマーでのマンション建設現地合弁会社の設立、沖縄（宮古島）観光事業、アクアイグニス事業等にも着手。幅広い事業を展開することで、安定的な経営を行っている。一般社団法人仙台経済同友会副代表幹事、一般社団法人宮城県建設業協会副会長、一般社団法人仙台建設業協会会長等を務める。TikTokとFacebookにて、経営論や生き方、考え方を発信中。

本書についての
ご意見・ご感想はコチラ

地域再生と社会創造
未来をつくる地方建設業の使命

2023年9月18日　第1刷発行

著　者　　深松 努
発行人　　久保田貴幸

発行元　　株式会社 幻冬舎メディアコンサルティング
〒151-0051　東京都渋谷区千駄ヶ谷4-9-7
電話　03-5411-6440（編集）

発売元　　株式会社 幻冬舎
〒151-0051　東京都渋谷区千駄ヶ谷4-9-7
電話　03-5411-6222（営業）

印刷・製本　中央精版印刷株式会社
装　丁　　秋庭祐貴

ISBN 978-4-344-94491-6 C0034
幻冬舎メディアコンサルティングＨＰ
https://www.gentosha-mc.com/